S.S. Nandargi
O.N. Dhar

Estudo hidrometeorológico da região dos Himalaias

S.S. Nandargi
O.N. Dhar

Estudo hidrometeorológico da região dos Himalaias

ScienciaScripts

Imprint

Any brand names and product names mentioned in this book are subject to trademark, brand or patent protection and are trademarks or registered trademarks of their respective holders. The use of brand names, product names, common names, trade names, product descriptions etc. even without a particular marking in this work is in no way to be construed to mean that such names may be regarded as unrestricted in respect of trademark and brand protection legislation and could thus be used by anyone.

Cover image: www.ingimage.com

This book is a translation from the original published under ISBN 978-620-2-30330-9.

Publisher:
Sciencia Scripts
is a trademark of
Dodo Books Indian Ocean Ltd. and OmniScriptum S.R.L publishing group

120 High Road, East Finchley, London, N2 9ED, United Kingdom
Str. Armeneasca 28/1, office 1, Chisinau MD-2012, Republic of Moldova, Europe
Managing Directors: Ieva Konstantinova, Victoria Ursu
info@omniscriptum.com

Printed at: see last page
ISBN: 978-620-3-31218-8

ÍNDICE DE CONTEÚDOS

CAPÍTULO 1

1. Introdução

As cadeias montanhosas dos Himalaias exercem uma influência muito dominante no clima do subcontinente indiano e do planalto tibetano. Tal como o nome indica (em sânscrito), "Himalaias" significa a "*morada da neve e do gelo*", mas, ao mesmo tempo, foi dito que, enquanto reservatório de neve e gelo, a localização geográfica dos Himalaias é a sua principal desvantagem, sendo a sua grande elevação o seu principal trunfo (Church, 1956).

Os Himalaias, barreira montanhosa maciça do subcontinente indiano, estendem-se de Nanga Parbat (8126 m) a noroeste (Lat.34°N) a Namche Barwa (7756 m) a leste (Lat.27°N), sob a forma de um arco convexo com a sua convexidade a sul (ver Fig.1). Devido à sua inclinação para sul, está mais próxima do equador em cerca de 700 km na sua extremidade oriental. O comprimento total desta cadeia montanhosa é de cerca de 2400 km e a sua largura varia de cerca de 250 a 400 km. Este complexo montanhoso mais elevado contém onze dos catorze picos do mundo que ultrapassam os 8000 m (Fig.1), como o Monte Evereste (8850 m), o Monte Kanchenjunga (8598 m), o Dhaulagiri (8172 m), o Annapurna (8078 m) e 31 picos que ultrapassam os 7600 m de altitude. Há uma série de cadeias estreitas de montanhas altas com as suas linhas de crista (entre 5000 e 5500 m) que são atravessadas por uma série de rios trans-Himalaia e seus afluentes que desempenham um papel ativo na erosão e na formação das montanhas altas, produzindo vales profundos e gargantas.

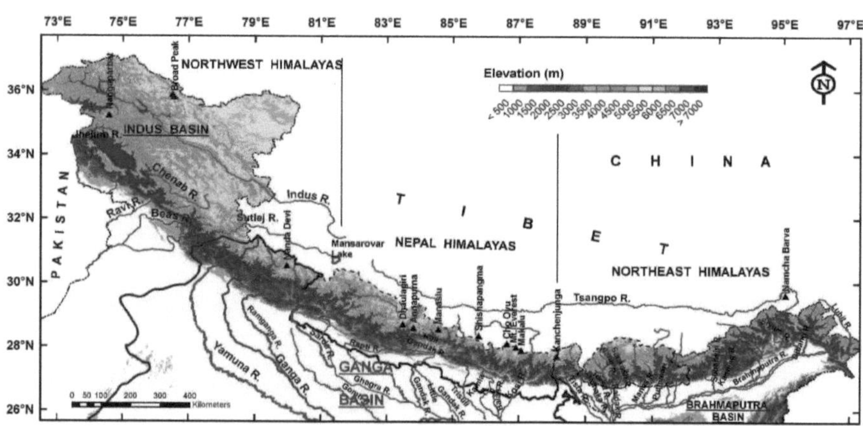

Fig. 1: Mapa Digital de Elevação dos Himalaias mostrando 3 secções principais, Elevação e Sistemas Fluviais

A norte, esta cordilheira separa o subcontinente indiano do planalto tibetano, cuja altura média é de cerca de 4,5 km de altitude. Fisicamente, toda a cordilheira está dividida em três subcordilheiras quase paralelas

a) *A cordilheira exterior dos Himalaias* ou as colinas Shivalik, que separam os Himalaias das planícies indo-gangéticas a sul. São também designadas por colinas do sopé dos Himalaias. A altura média destas cadeias varia entre cerca de 900 e 1200 m e a largura entre 1000 e 5000 m.

b) *Cordilheira média dos Himalaias* (também designada por Pir Panjal no Noroeste da Índia e cordilheira Mahabharat no Nepal) - Trata-se de uma série de cordilheiras quebradas cuja altitude média varia entre 3700 m e 4500 m de altitude e largura de cerca de 5000 m.

c) *A cordilheira dos Grandes Himalaias*: é a linha mais interior das cordilheiras mais altas de neve e gelo perpétuos, cuja altura média varia entre 6000 m e 8800 m de altitude, que separa o planalto tibetano do subcontinente indiano. Nesta cordilheira estão localizados os picos mais altos dos Himalaias.

Esta topografia acidentada aumenta a precipitação intensa a muito intensa nos rios originários dos Himalaias, causando graves inundações e a destruição de vidas humanas nas planícies. A necessidade de controlar as inundações nas zonas de sopé para proteger os interesses das planícies é a principal motivação dos projectos de recursos hídricos em grande escala na região dos Himalaias. No entanto, com a transformação das economias agrícola e industrial das planícies, a procura de irrigação e de energia hidroelétrica acelerou. A construção de barragens tem sido a atividade mais intensa nos rios dos Himalaias, como os sistemas fluviais do Ganges e do Indo, por várias razões, incluindo a proximidade de centros urbanos, terras agrícolas férteis, produção de energia hidroelétrica e disponibilidade de locais de armazenamento de água.

O Terceiro Relatório de Avaliação do Painel Intergovernamental sobre as Alterações Climáticas (IPCC, 2001) também salientou o papel crítico dos Himalaias no abastecimento de água à Ásia continental de monção e revelou claramente a sua vulnerabilidade às alterações climáticas em termos de hidrologia e de recursos hídricos.

Tendo em conta o que precede, foi feita uma tentativa de estudar as caraterísticas hidroclimáticas da região dos Himalaias no subcontinente indiano. Para o efeito, toda a região dos Himalaias foi dividida nas três regiões seguintes

CAPÍTULO 2

2. Rede de pluviómetros e dados utilizados

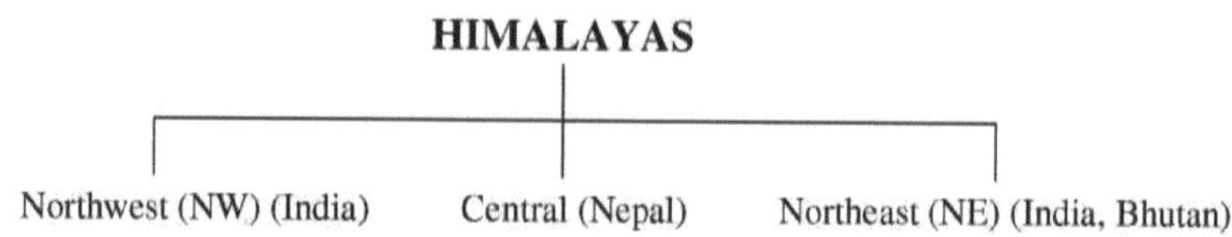

Antes da independência da Índia (i.e. 1947), a rede de estações de precipitação nos Himalaias era muito escassa. Alguns observatórios meteorológicos foram criados pelo Governo britânico durante o seu domínio colonial do país, nas secções dos Himalaias de Caxemira, Punjab, Garhwal-Kumaon, Bengala do Norte e Assam. Após a independência da Índia, foi instalado um grande número de estações meteorológicas em diferentes regiões dos Himalaias, no âmbito de vários projectos hidroeléctricos e de irrigação dos governos central e estatal e para a previsão de inundações nos rios originários dos Himalaias.

2.1 Nordeste (NE) e Noroeste (NW) dos Himalaias

Até à década de 1980, quase não existiam estações pluviométricas no nordeste dos Himalaias, pelo que não havia informação fiável disponível sobre a precipitação real recebida, especialmente durante os meses de monção. No presente estudo, foram considerados os dados diários de precipitação de 267 estações (ver Fig.2) distribuídas homogeneamente na região nordeste dos Himalaias da Índia e do Butão. Note-se que no extremo norte do Butão, na bacia do rio Kameng, em Arunachal Pradesh, e no extremo nordeste das bacias de Luhit e Debang, na Índia, praticamente não existem estações de medição da precipitação.

No noroeste dos Himalaias, foram utilizados para este estudo dados diários de precipitação de mais de 200 estações, cujas elevações variam entre 300 e 4100 m de altitude, e os dados das planícies adjacentes, com cerca de 350 estações, para um período de 135 anos, de 1875 a 2010.

Os dados relativos à precipitação e às inundações nestas duas regiões foram recolhidos nas seguintes fontes: -

a) Várias publicações do Departamento Meteorológico da Índia (IMD), nomeadamente relatórios mensais, sazonais e anuais, resumo diário da precipitação, relatório semanal da precipitação, etc. e os dados do Centro Nacional de Dados Climáticos (NCDC), IMD, Pune (1901-2005).

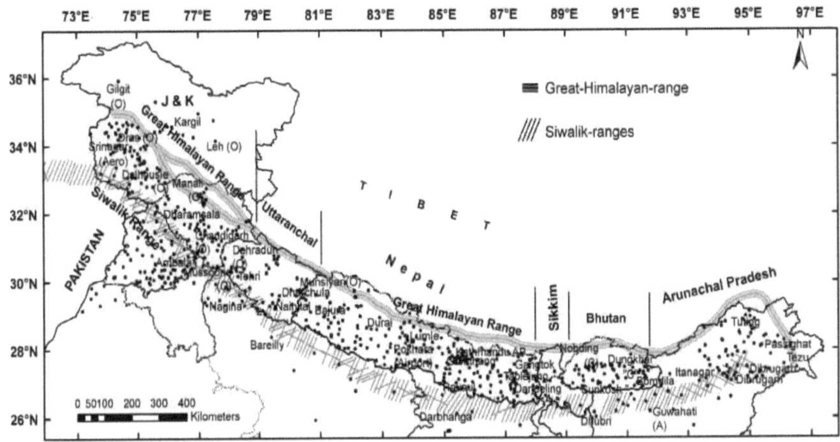

Fig.2 : Mapa da região dos Himalaias mostrando as diferentes secções e a atual rede de estações pluviométricas

b) Registos de precipitação das autoridades responsáveis pelos projectos, tais como a National Thermal Power Corporation (NTPC), a National Hydro-electric Power Corporation (NHPC), a Central Water Commission (CWC), Nova Deli, que trabalham nos Himalaias para a construção de sistemas de irrigação e projectos de energia hidroelétrica em diferentes bacias hidrográficas.

c) Dados diários de precipitação disponíveis em volumes de precipitação no Instituto Indiano de Meteorologia Tropical (IITM), Pune, para diferentes estados desde 1871.

d) As autoridades de registo da precipitação dos estados de Punjab, Haryana, Himachal Pradesh, Uttarakhand (antigo Uttaranchal) e J&K forneceram dados diários de precipitação dos períodos de chuva para os distritos dos Himalaias dos seus respectivos estados.

e) Os departamentos florestais dos Estados dos Himalaias (1975-2000).

f) Centro Meteorológico do Butão (1989-2005)

Dados sobre inundações

g) Os dados relevantes sobre inundações foram recolhidos principalmente da Comissão Central da Água (CWC), Nova Deli, para o período 1986-2010.

1.1 Himalaias Central ou do Nepal

Antes de 1947, existia apenas um observatório meteorológico no complexo da Embaixada da Índia em Katmandu (1324 m), que é a capital do Nepal. No âmbito do projeto da barragem alta de

Kosi e dos projectos de controlo das cheias do Governo da Índia, mais de 100 estações meteorológicas foram iniciadas pelo Departamento Meteorológico da Índia (IMD) em todo o Nepal, com a autorização do Governo nepalês. A partir do início dos anos sessenta, o Serviço Meteorológico do Nepal (NMS) aumentou esta rede acrescentando mais estações e, atualmente, existem cerca de 270 estações meteorológicas (ver Fig. 3) cujos dados estão disponíveis para períodos variáveis, por exemplo, de 10 a 50 anos. Utilizando estes dados, o Centro Internacional para o Desenvolvimento Integrado das Montanhas (ICIMOD), Katmandu, Nepal, preparou mapas generalizados da distribuição da precipitação em toda a região do Nepal (Chalise et al., 1996).

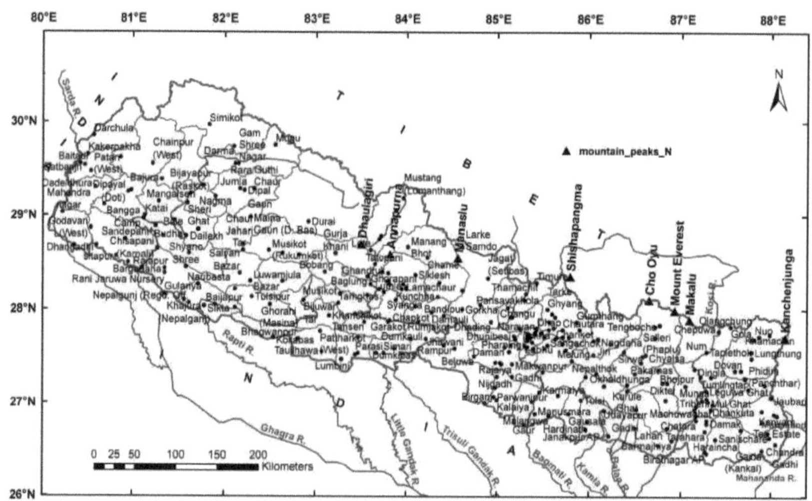

Fig.3 : Rede de precipitação e sistema fluvial dos Himalaias do Nepal

Por conseguinte, foram selecionados para o presente estudo os dados pluviométricos de cerca de 600 estações observatórias/climatológicas e 300 estações com dados de longo período (Fig. 2), distribuídos homogeneamente por toda a região dos Himalaias. Estas estações estão localizadas em diferentes altitudes, desde os sopés das montanhas até uma altura de cerca de 3500 m a.s.l. Os dados das estações de maior altitude são escassos e fragmentários para se chegar a conclusões definitivas, pelo que não são considerados.

CAPÍTULO 3

3. Metodologia

Utilizando os dados de precipitação acima mencionados, foram calculadas as precipitações médias mensais, sazonais e anuais em três secções dos Himalaias. Foi efectuada uma análise para conhecer a precipitação máxima de 24 horas e as chuvas fortes que ocorreram na região. A análise das chuvas fortes (ou tempestades severas) é de primordial importância para o planeamento e conceção de projectos de recursos hídricos. Além disso, na ausência de registos reais de dados de caudal, são úteis para avaliar as potencialidades de inundação, bem como os rendimentos de bacias hidrográficas individuais. Uma tempestade pluvial é definida como uma distribuição espacial da precipitação que produz profundidades médias de precipitação iguais ou superiores a um valor limite especificado numa bacia hidrográfica em associação com qualquer fenómeno meteorológico. Conhecendo as profundidades de precipitação que caem durante diferentes períodos de tempo e em áreas específicas, o escoamento superficial e o caudal fluvial podem ser estimados a partir da análise da tempestade.

As estimativas das profundidades médias máximas de precipitação a partir da análise de tempestades severas numa bacia são normalmente efectuadas pelos seguintes métodos, tendo em conta a orografia, a natureza e a dimensão da bacia/bacia hidrográfica, o período de dados e a sua adequação: a) Método da profundidade-duração (DD), b) Método da profundidade-área-duração (DAD) e c) Técnica da transposição de tempestades (ST). O principal objetivo de todos estes métodos é estimar as profundidades máximas de chuva possíveis que uma bacia pode registar em anos futuros. Todos os métodos acima referidos estão bem documentados em várias publicações como Miami Conservancy District (1936), Hydrometeorology by Wiesner (1970), Manual of Hydrometeorology (IMD, 1972), WMO (1969, 1973 & 1986). As tempestades severas consideradas neste estudo satisfazem amplamente os critérios utilizados pelos autores nos seus vários estudos sobre tempestades severas na Índia (Dhar & Nandargi, 1993 (a,b,c); 1995 (a,b)).

Uma cheia é geralmente definida como um nível relativamente elevado de um rio num determinado ponto de medição/descarga (G/D). Na Índia, diz-se que um rio está em cheia quando ultrapassa o nível de perigo (D.L.) num determinado ponto G/D de um rio. Os níveis de perigo em cada local G/D são fixados pelos engenheiros do Estado em consulta com os engenheiros da CWC.

CAPÍTULO 4

4. O papel dos Himalaias na meteorologia do subcontinente indiano:

A meteorologia dos Himalaias foi descrita por vários investigadores nos últimos anos, entre os quais se destacam Rao (1981), Mani (1981), Das (1983), Pant e Rupakumar (1997) e Sikka (1999). Todos estes investigadores afirmaram que os Himalaias desempenham um papel dominante no controlo do tempo e do clima do subcontinente indiano.

De acordo com Rao (1981) e Sikka (1999), os Himalaias são responsáveis pela formação de uma baixa térmica sobre Sind (Paquistão) e a sua vizinhança e pela depressão sazonal da monção sobre as planícies indo-gangéticas durante os meses da monção de verão, de junho a setembro. O papel desempenhado pelo planalto tibetano adjacente a norte da Índia, pelo Nepal e pelo Butão não é de modo algum menor. O papel dos Himalaias e do planalto tibetano a norte na geração e manutenção da monção estival asiática foi demonstrado pelos estudos de modelos numéricos de Hahn e Manabe (1975). Segundo eles, se os "Himalaias" forem retirados da sua posição atual, os países asiáticos não terão um clima como o da monção de sudoeste.

5. Situações meteorológicas responsáveis pela ocorrência de chuvas fortes em diferentes secções dos Himalaias

Para além da orografia, as situações meteorológicas que são as principais responsáveis pela ocorrência de chuvas fortes na região dos Himalaias são as seguintes

a) **As perturbações ciclónicas e os sistemas de baixa pressão** têm origem na Baía de Bengala durante a estação das monções. Quando se deslocam sobre as partes centrais da região indiana, alguns deles recuam na direção norte a nordeste (Dhar & Nandargi, 1993 c) (Fig.4). Isto deve-se principalmente à sincronização do movimento de fortes ventos de oeste (Western Disturbances) sobre o extremo noroeste a nordeste dos Himalaias com a passagem de perturbações de monção nas latitudes mais baixas, causando chuvas fortes a muito fortes ao longo do sopé do Nepal e do nordeste dos Himalaias.

Normalmente, a monção de sudoeste começa a retirar-se do noroeste e das regiões adjacentes da Índia a partir de 15 de setembro, mas revive novamente em associação com as depressões da Baía de Bengala/Mar Arábico que se deslocam para a região noroeste e que, em interação com as perturbações ocidentais, provocam chuvas excecionalmente fortes na região, especialmente em J&K, nas regiões sub-himalaicas de Himachal Pradesh, Punjab e nos Himalaias de Uttarakhand.

b) O movimento periódico das **Perturbações Ocidentais** (WD), que têm origem em regiões extra-tropicais dos mares Mediterrâneo e Cáspio e atravessam a região do extremo norte da Índia, provocam precipitação/neve e condições meteorológicas frias. Em média, 5 a 7 WD deslocam-se sobre a região noroeste da Índia durante os meses de inverno. Um número igual de baixas induzidas forma-se a sul e desloca-se para leste e nordeste, provocando chuvas fortes a muito fortes nas planícies de Punjab, Haryana e Uttar Pradesh. Do mesmo modo, uma depressão do ar superior ventos de oeste sobre o extremo norte de Arunachal Pradesh provoca chuvas fortes na região NE.

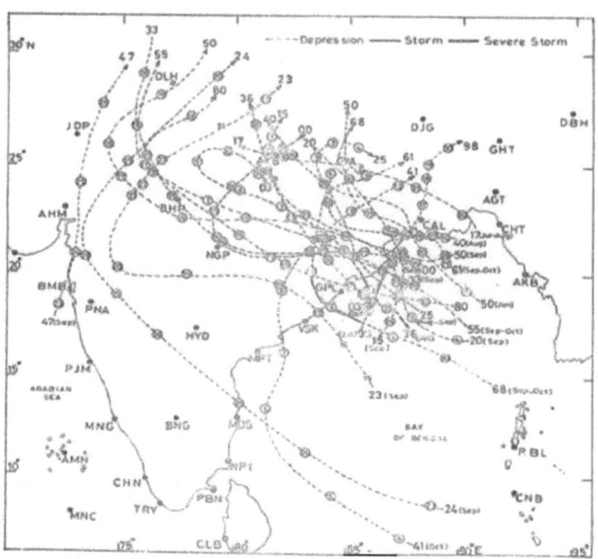

Fig. 4 : Perturbações ciclónicas recorrentes que provocam chuvas fortes nos sopés dos Himalaias

c) Quando o eixo da monção se desloca das planícies do norte da Índia para o sopé dos Himalaias (conhecido como *"break monsoon situation"*), ocorrem chuvas muito fortes nos Himalaias orientais e centrais. Esta situação provoca chuvas muito fortes em cerca de 65% das ocasiões, causando graves inundações nos rios destas regiões (Dhar et al, 1984). As situações de rutura ocorrem principalmente durante os meses de monção de julho e agosto e, ocasionalmente, em setembro.

Esta situação meteorológica particular, em combinação com a orografia dos Himalaias e, ocasionalmente, com a passagem do WD ao longo dos Himalaias, é responsável por causar grandes quantidades de precipitação nas bacias hidrográficas dos Himalaias, enquanto as planícies a jusante destas bacias hidrográficas praticamente não recebem precipitação.

Para além das principais situações meteorológicas acima referidas, os seguintes factores também desempenham um papel importante no aumento da precipitação e, consequentemente, das inundações nas bacias hidrográficas dos Himalaias

a) Destruição indiscriminada da floresta e do coberto vegetal no curso superior de um rio, b) Deposição de sedimentos provenientes de encostas nuas e mal cobertas no curso superior de um rio,

c) Obstruções artificiais ao livre fluxo dos rios, como pontes, aterros, etc,

d) Práticas agrícolas incorrectas, como o cultivo itinerante, etc. e

e) Rutura de barragens e lagos artificiais criados pelo avanço das línguas glaciares ou por deslizamentos de terra.

CAPÍTULO 6

6. Climatologia geral dos Himalaias

O clima dos Himalaias é considerado de natureza alpina, ou seja, o clima varia com a altitude. Por exemplo, a altitude nos Himalaias centrais ou do Nepal varia de 60 m no sul, no Terai (sopé dos Himalaias), a 8848 m no Monte Evereste, no norte, numa curta distância de 90 a 120 km, o que provoca variações no clima. O clima torna-se mais frio à medida que a altitude aumenta e mais quente e húmido à medida que a altitude diminui. Consequentemente, o clima em geral muda muito rapidamente nas diferentes secções dos Himalaias, o que pode levar a ocorrências súbitas de explosões de nuvens, ventos fortes, tempestades de neve, etc., resultando em inundações rápidas, o que torna o clima na região bastante imprevisível e, por vezes, também perigoso.

As cordilheiras dos Himalaias constituem uma espécie de barreira para os ventos da monção do sudoeste (*a seguir designada por "monção"*) que atravessam o Tibete, provocando assim chuvas fortes a muito fortes no sopé das montanhas e nas planícies adjacentes da Índia a sul (Dhar et al, 1975; Dhar & Nandargi, 1998 b). Para além disso, a precipitação intensa não ocorre de forma contínua como se verifica nas regiões planas do sopé dos Himalaias, mas podem ocorrer quedas súbitas de chuva intensa com uma duração curta de 3-4 horas a uma duração longa de 10-14 horas.

Dhar & Nandargi (2008) mostraram que as subdivisões Met. As subdivisões da Índia nos Himalaias orientais recebem a precipitação anual normal e de monção mais elevada e, à medida que se avança ao longo das cordilheiras dos Himalaias, de leste para oeste, a precipitação diminui acentuadamente. No interior dos Himalaias, a precipitação das monções é muito menor do que nas zonas planas e nas primeiras faixas frontais dos Himalaias.

Ladakh, região situada a sotavento da parte ocidental dos Himalaias, a atividade das monções nesta região é muito fraca, por exemplo, a precipitação média anual da estação de Leh é de apenas 93 mm, o que corresponde a menos de um quarto do que é recebido em Lhasa, a capital do Tibete (Dhar & Mulye, 1987). As estações situadas na cordilheira de Pir Panjal recebem muito mais precipitação, porque se encontram a barlavento das perturbações das monções e a cordilheira de Pir Panjal retém a maior parte da humidade das correntes das monções, devido à elevação orográfica. No entanto, estas correntes de monção perdem a sua humidade quando atravessam a cordilheira de Pir Panjal, com 3000 a 4000 m de altura, e as estações situadas a sotavento da cordilheira recebem muito menos precipitação (Dhar et al, 1982).

6.1 Variabilidade com a altitude

Os Himalaias constituem uma barreira importante para o fluxo natural das correntes de monção do sudoeste. Por conseguinte, a monção segue um curso totalmente diferente e o domínio da monção não é uniforme em diferentes partes da bacia. Na mesoescala, a precipitação é altamente influenciada pela orografia local. Em geral, a precipitação aumenta dos vales das terras baixas para as encostas das montanhas mais altas, até determinadas alturas. A vertente a barlavento recebe mais precipitação do que a vertente a sotavento.

A variação da precipitação em função da altura nos Himalaias do Nepal foi estudada por Dhar e Bhattacharya (1976); Dhar e Rakhecha (1981); Dhar e Nandargi (2005 b). Como demonstrado nestes estudos, a precipitação é máxima perto dos Himalaias exteriores, ou seja, nas colinas e um segundo máximo de precipitação é obtido perto dos Himalaias médios, a uma altura de cerca de 2400 m a.s.l. A partir daí, a precipitação diminui drasticamente à medida que se avança para norte, para altitudes mais elevadas, até se atingir a cordilheira dos Grandes Himalaias (Fig. 5). A informação sobre a variação da precipitação com a elevação é útil para determinar o aumento líquido da precipitação devido à elevação.

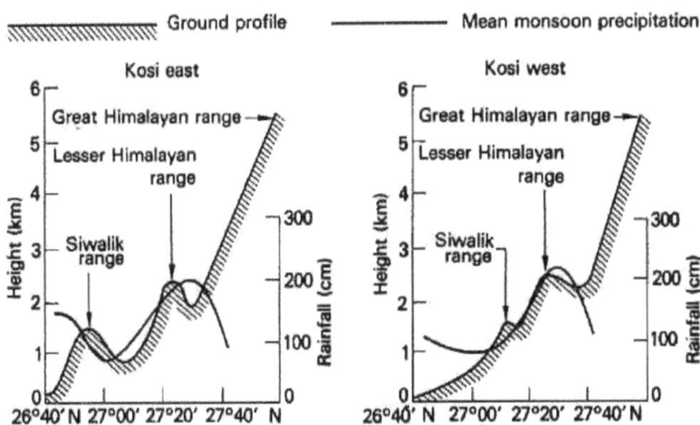

Fig. 5: Representação esquemática da precipitação média das monções nos Himalaias de Kosi, no Nepal

Recentemente, utilizando os dados de precipitação de sete estações no sul do Tibete, Dhar e Nandargi (2002 a) descobriram que há uma redução de 25 a 30% na precipitação no lado sul do Tibete em comparação com o lado de barlavento dos Himalaias do Nepal.

Na região dos Himalaias, a neve acumula-se geralmente nos meses de inverno (outubro a março), mas, por vezes, a queda de neve pode ocorrer nos meses de verão (abril a maio). A neve que ocorre e derrete nos 2 ou 3 dias seguintes é considerada neve temporária, que não contribui muito para o escoamento superficial. A neve que permanece sempre ao longo do ano é considerada neve permanente. A linha de neve permanente é considerada a linha mais baixa sobre uma região coberta de neve, onde a neve permanece durante todo o ano sem derreter. Para delimitar as bacias hidrográficas alimentadas pela neve e pela chuva em qualquer bacia hidrográfica dos Himalaias, é necessária uma análise exaustiva e a utilização de dados de satélite que representem o estado no período não monçónico, provavelmente durante fevereiro-março, e durante o período monçónico, de julho a setembro (Water Resources Division, RS & GIS Application Area, NRSA, março de 2005), pelo que é necessário um estudo separado. No entanto, uma EL 4000 m (ver Fig.1) pode ser considerada aproximadamente como a linha de neve permanente na região dos Himalaias, de acordo com a sugestão de peritos/investigadores com vasta experiência na região dos Himalaias.

Foi efectuado um grande número de estudos sobre diferentes aspectos da climatologia dos Himalaias e da distribuição da precipitação devido a chuvas fortes. Os estudos realizados por Dhar e colegas (Dhar, 1962; Dhar & Narayan, 1965 e 1966; Dhar et al, 1966; Dhar & Bhattacharya, 1975; Dhar et al., 1975; Dhar & Rakhecha, 1976; Dhar et al., 1984, 1986 e 1987; Dhar & Nandargi, 1991) mostraram que esses estudos são muito importantes para o planeamento, conceção e funcionamento dos recursos hídricos e dos projectos de energia hidroelétrica na região.

Nas três secções seguintes descrevem-se as caraterísticas da precipitação e as catástrofes de inundação associadas nas três secções principais dos Himalaias.

<u>NOROESTE (NW) DOS HIMALAIAS (ÍNDIA)</u>

A região noroeste dos Himalaias considerada no presente estudo estende-se pela maior parte dos estados montanhosos da região noroeste da Índia, nomeadamente J&K, Himachal Pradesh, partes dos Himalaias de Punjab-Haryana, incluindo a bacia do rio Indo (Índia) e o estado de Uttarakhand (Índia) (ver Figs. 1 e 2).

CAPÍTULO 7

7. A bacia do Indo (Índia)

O sistema fluvial do Indo, na Índia, inclui o rio principal, o Indo, e os seus principais afluentes, o Jhelum, o Chenab, o Ravi, o Beas e o Sutlej, a leste. O principal rio do sistema, o poderoso Indo, nasce no Tibete, perto do lago Mansarovar, a uma altitude de 5180 m, e atravessa cadeias de montanhas remotas e relativamente inacessíveis no extremo norte de Caxemira (ver Fig.1). Entra no Paquistão e emerge das colinas perto de Attock, percorrendo uma distância de cerca de 1610 km. O comprimento total do rio é de cerca de 2880 km.

Toda a bacia do Indo, situada no Tibete (China), na Índia, no Paquistão e no Afeganistão, estende-se por uma área de cerca de 1154 500 km2 . O presente estudo restringiu-se à área de drenagem situada na Índia (cerca de 321 290 km2), o que representa quase 9,8% da área geográfica total da Índia. A bacia situa-se nos Estados de J&K, Himachal Pradesh, Punjab e Haryana. A parte superior da bacia, situada em J&K e Himachal Pradesh, é maioritariamente montanhosa e atravessada por vales estreitos, como o vale de Caxemira, o vale de Tawi, o vale de Chenab, o vale de Poonch, o vale de Sind e o vale de Lidder. Há um grande número de riachos nas colinas, que desaguam nas planícies durante a estação das chuvas e se juntam aos afluentes do rio Indo.

8. Climatologia da precipitação na região NW dos Himalaias

A região é caracterizada por diferentes condições climáticas, desde as tropicais às alpinas, devido à sua topografia acidentada. Não há nenhum mês em que não haja precipitação, mas a magnitude da precipitação é menor e, como tal, é difícil prescrever uma estação específica para esta região. O lado norte dos Himalaias ocidentais, também conhecido como *"cintura trans-Himalaiana"*, é uma região de terras áridas, áridas, frígidas e devastadas pelo vento. Normalmente, a precipitação ocorre sob a forma de neve durante os meses de inverno e primavera. A temperatura pode atingir os 40°C durante a estação quente, causando chuvas intensas mas irregulares, e baixar novamente em outubro para 29°C. A temperatura média em janeiro é de -20°C, sendo os extremos registados em de -40°C, congelando quase todos os rios da região.

A bacia hidrográfica superior do Indo, que se situa na região de Ladakh, está localizada na pior região árida da Índia devido à falta de precipitação. No entanto, o clima a sul é tipicamente monçónico. A parte superior da região recebe boa precipitação durante o inverno devido à passagem das "Perturbações Ocidentais" que se deslocam ao longo e através dos Himalaias de oeste para leste (para mais pormenores, ver secção 4). Assim, a maior parte da precipitação ocorre durante a estação do inverno no vale de Caxemira, na região de Ladakh, no Himachal Pradesh e em Uttarakhand. A área da bacia hidrográfica de Jhelum, no vale de Caxemira, tem a forma de um pires, com encostas íngremes em toda a volta. Qualquer precipitação forte com a duração de 1 a 2 dias pode causar inundações graves nessa zona. A precipitação associada aos WD diminui acentuadamente à medida que se deslocam de oeste para leste ao longo dos Himalaias a noroeste, especialmente durante os meses de inverno e primavera.

Nesta região, o verão ou estação pré-monção dura cerca de três meses, de abril a junho. Esta estação é o período de transição antes do início da monção de sudoeste. A monção de sudoeste começa normalmente na parte superior da bacia do Indo no início de julho e retira-se por volta do início de setembro, pelo que a região dos Himalaias a noroeste só experimenta a monção de sudoeste durante cerca de dois meses.

8.1 Precipitação mensal, sazonal e anual

A precipitação, incluindo a neve, é muito mais intensa nas colinas do que nas planícies do noroeste dos Himalaias. A precipitação também varia com a altitude. No presente estudo, foi dada ênfase ao estudo da distribuição da precipitação em diferentes bacias hidrográficas do Noroeste dos Himalaias. Verifica-se que a precipitação em diferentes bacias hidrográficas da bacia do Indo que caem na região indiana não é influenciada pelas mesmas situações/sistemas meteorológicos durante os diferentes meses. Assim, com base nos dados de precipitação diária de 200 estações, a precipitação média mensal, sazonal e anual foi estimada separadamente para cada bacia hidrográfica e é apresentada no Quadro 1. A precipitação média anual em todo o Noroeste dos Himalaias (ver Fig. 6) varia, em geral, entre cerca de 193 mm na bacia do Indo e 1602 mm na bacia do Beas.

O Quadro 1 mostra que a bacia hidrográfica do Beas recebe a maior precipitação de monção (63%) e a menor na bacia do Indo (14%), no extremo norte. A distribuição da precipitação de monção em estações individuais mostrou que Badrinath, no estado de Uttarakhand, registou uma precipitação de monção de cerca de 94%, enquanto Leh e Gilgit registaram 40% e 10%, respetivamente. A precipitação anual máxima de 3097 mm foi registada na estação de Dharamsala (Lower) em Himachala Pradesh e a mínima em Khalatse (50 mm) na região de Ladakh. Dhar & Nandargi (2008), nos seus estudos, mostraram que as subdivisões de Uttarakhand e Himachal Pradesh registam cerca de 66% a 67%, enquanto a subdivisão de J&K recebe apenas 43% da precipitação anual durante a estação das monções.

Quadro 1: Precipitação média mensal, sazonal e anual (mm) para Bacias hidrográficas individuais no NW dos Himalaias

Months/Seasons	Mean Rainfall (mm) for the catchments				
	Sutlej *	Beas	Ravi & Chenab	Jhelum	Indus #
January	90.9	79.8	104.8	91.4	21.2
February	82.4	81.9	119.5	109.4	21.2
March	86.6	91.8	129.9	139.5	36.7
April	53.9	59.4	97.2	122.5	26.1
May	64.6	56.3	60.8	91.1	21.0
June	104.1	119.0	76.0	60.5	8.5
July	262.6	421.1	267.9	91.9	12.2
August	234.2	415.7	276.3	92.3	14.5
September	124.6	180.0	124.0	57.1	10.6
October	37.8	42.6	34.3	40.8	6.0
November	15.3	15.6	21.0	27.1	4.2
December	42.6	38.8	59.5	51.9	11.1
Winter (Dec.-Mar.)	302.5	292.3	413.7	392.2	90.2
Spring/Summer(Apr.-Jun.)	222.5	234.7	233.9	274.1	55.6
SW Monsoon (Jul.-Sept.)	621.4	1016.8	668.2	184.2	26.7
Autumn(Oct.-Nov.)	53.1	58.2	55.3	120.0	20.8
Annual	1199.5	1601.9	1371.1	975.6	193.4
SW monsoon as % of Annual	52	63	49	19	14

Nota: Sutlej* : Bacia do Sutlej até ao local da barragem de Bhakra e
Indus# : Bacia do Indus até à fronteira com a Índia

CAPÍTULO 9

9. Precipitação mais elevada em 24 horas na região dos Himalaias a noroeste

Tendo em conta a importância e a utilidade da precipitação mais elevada em muitos tipos de análises hidrológicas, a precipitação mais elevada de 24 horas registada em cada estação foi listada. A Fig.7 mostra a distribuição espacial da precipitação máxima de 24 horas na região NW dos Himalaias. O número máximo de estações (49) registou a precipitação máxima de 24 horas no mês de julho, seguido de agosto (40) e setembro (35). Como mencionado anteriormente, a estação de inverno também registou precipitação intensa devido ao WD, durante a qual dezembro (16 estações) e janeiro (12 estações) registaram a maior precipitação de 24 horas. A Tabela 2 apresenta a lista das estações que registaram a maior precipitação em 24 horas > 400 mm e a data de ocorrência.

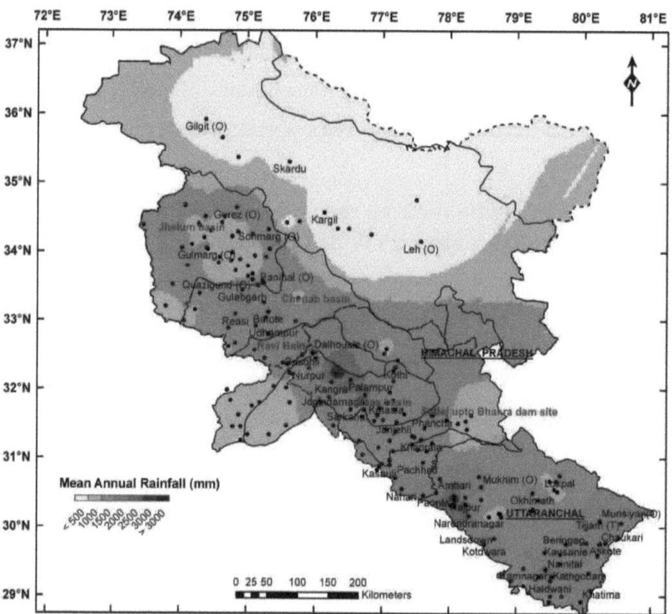

Fig.6: Distribuição espacial da precipitação média anual nos Himalaias a noroeste

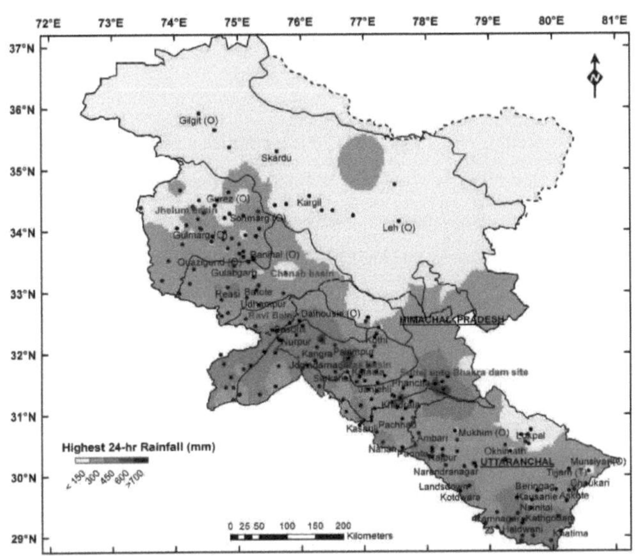

Fig.7: Distribuição espacial da precipitação máxima de 24 horas na região NW dos Himalaias

Quadro 2 : Estações de registo da precipitação mais elevada em 24 horas (mm) (>400 mm)

Station Name	Highest 24-hr rainfall (mm)	Date of Occurrence
Kilba	609.6	27.12.1958
Sangla	558.8	21.12.1958
Arki	416.6	12.08.1963
Barauli	418.6	21.08.1901
Nahan	561.3	14.08.1910
Dharamsala	530.0	25.07.1967
Jogindarnagar	600.0	14.08.1996
Kataula	413.0	08.07.1957
Batala	474.5	05.10.1955
Malikpur	410.0	26.09.1988
Dalhousie (O)	409.0	09.09.1966
Qazigund (O)	432.3	23.08.1905
Kaladhungi	413.0	10.07.1970
Haldwani	413.0	11.07.1970
Askote	404.2	28.07.1968
Kharsali(O)	400.0	15.09.1963
Dehradun (O)	487.0	25.07.1966
Mussoorie (O)	440.0	19.08.1890
Khadrala	762.0	28.01.1968

10. Chuvas fortes e sua análise

Como parte do Projeto CWC, Pant et al. (2007), com base nos dados de precipitação de 1901 a 2005, analisaram as tempestades severas pelo método DD (Ref. Secção 4) sobre as cinco bacias individuais da bacia do Indo (Índia) e os seus resultados estimados de tempestades de projeto padrão (SPS) e precipitações máximas prováveis (PMP) são dados na Tabela 3.

Tendo em conta as caraterísticas fisiográficas da bacia hidrográfica do Indo, no extremo norte, e devido à falta de dados de precipitação suficientes para as estações disponíveis, não é correto efetuar qualquer análise de tempestades sobre esta região para derivar as profundidades de projeto do PMP. No entanto, tendo em conta os dados de precipitação das estações durante um período relativamente mais longo (>50 anos), os PMP pontuais estimados pelo método estatístico de Hershfield (1961,1965) são apresentados no Quadro 4 para uma utilização aproximada. Pode, no entanto, referir-se que as estimativas pontuais do PMP efectuadas pelo método estatístico são consideradas mais úteis sempre que se disponha de dados de precipitação suficientes.

Quadro 3: Profundidades de SPS e PMP em diferentes bacias hidrográficas da bacia do Indo

	Name of the catchment	SPS raindepths (mm) for			PMP raindpeths (mm)		
		1-day	2-day	3-day	1-day	2-day	3-day
1	Sutlej upto Bhakra dam site	102 (24/9/1988) MMF: 1.20 (24-26/9/1988)	140 (24-25/9/1988)	172 (10-12/7/1993) 1.11 (10-12/7/1993)	122	168	191
2	Beas	192 (5/10/1955)	328 (4-5/10/1955) MMF : 1.28 (3-5/10/1955)	358 (3-5/10/1955)	250	420	458
3	Ravi	169 (5/10/1955)	323 (4-5/10/1955) MMF : 1.28 (3-5/10/1955)	333 (3-5/10/1955)	216	413	426
4	Chenab	95 (24/9/1988)	187 (24-25/9/1988) MMF: 1.20 (24-26/9/1988)	246 (24-26/9/1988)	114	224	295
5	Jhelum	83 (1/9/1928)	131 (1-2/9/1928) MMF: 1.28 (31/8 – 2/9/1928)	170 (31/8-2/9/1928)	106	168	218

Quadro 4: Estimativas do PMP pontual e dos períodos de retorno em estações selecionadas na bacia superior do Indo, na Índia, até à fronteira com o Paquistão

No.	Station	PMP (mm)			Estimates of maximum rainfall (mm) for Return period of					
		Point			1000-yr			5000-yr		
		1-day	2-day	3-day	1-day	2-day	3-day	1-day	2-day	3-day
1.	Leh	69	73	91	52	68	75	62	81	89
2.	Skardu (O)	97	122	143	78	117	127	92	139	150
3.	Kargil	169	216	256	145	214	245	172	257	294
4.	Dras	176	270	344	159	279	343	189	332	410
5.	Gilgit	108	125	156	85	120	137	101	143	163

Com base nos dados diários de precipitação de cerca de 200 estações para o período de 135 anos, de 1875 a 2010, Nandargi & Dhar (2012) mostraram que há cinco tempestades mais severas que ocorreram sobre e perto desta região no passado. Se todo o período de 135 anos for dividido em subperíodos de 25 anos, cada subperíodo registou uma tempestade severa (Quadro 5). No entanto, não foi registada nenhuma tempestade severa durante o período atual de 2001 a 2010. Exceptuando a tempestade de 1955, que ocorreu entre 3 e 5 de outubro, todas as outras tempestades severas ocorreram na segunda quinzena do mês de setembro.

Tabela 5: Distribuição das tempestades mais severas durante 1875 a 2010

Period	1875-1900	1901-1925	1926-1950	1951-1975	1976-2000
Severe Rainstorm	17-18 Sept. 1880	28-30 Sept. 1924	26-27 Sept. 1947	3-5 Oct. 1955	24-26 Sept. 1988

Com exceção de setembro de 1924, todas estas tempestades estiveram associadas à interação de perturbações de monção da Baía de Bengala e de WD da região noroeste que se deslocaram sobre a região ao mesmo tempo. A tempestade de setembro de 1947 esteve associada a uma perturbação que teve origem no Mar Arábico. A análise do DAD destas tempestades mostrou que estas tempestades severas ocorreram em mais de 100.000 km2 de área. No entanto, as suas profundidades de chuva DAD para áreas padrão até 50.000 km2 são apresentadas na Tabela 6 para comparação.

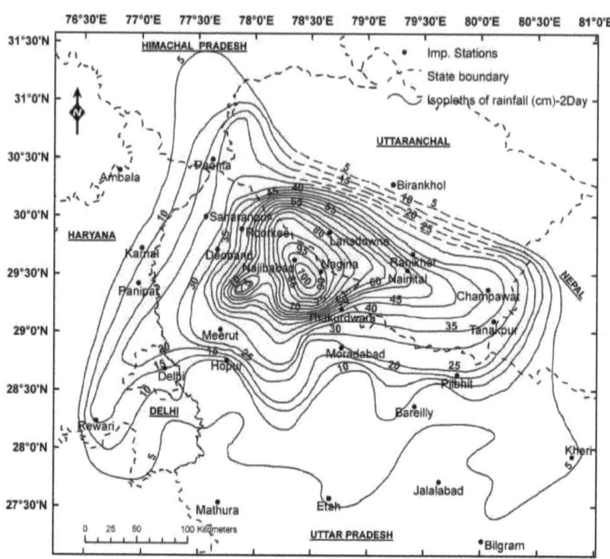

Fig.8: Padrão isoihetal de 2 dias da tempestade de 17-18 de setembro de 1880 sobre Uttarakhand e arredores

O quadro 6 mostra que, para as durações de 1 e 2 dias, a chuva de 17-18 de setembro de 1880 (ver

Fig.8) é definitivamente muito mais severa do que todas as outras tempestades de 3 dias de duração. As tempestades de setembro de 1924, outubro de 1955 e setembro de 1988 são mais ou menos semelhantes em termos de gravidade, produzindo quase

Quadro 6: Profundidades médias das chuvas (cm) para as durações de 1, 2 e 3 dias das tempestades mais severas

Rainstorm	Storm Centre (District)	Point	Area in hundreds of sq.km							
			1	5	10	20	50	100	200	500
24/9/1988	Nawanshahr (Jullundur)	51.4	51.0	49.0	46.9	43.4	37.0	31.8	27.6	20.6
24-25/9/1988	Nawanshahr (Jullundur)	64.9	63.3	59.5	56.2	52.0	45.3	42.8	38.8	31.5
24-26/9/1988	Basohli (Kathua)	81.1	80.9	79.7	78.0	74.7	66.2	62.0	54.1	41.5
5/10/1955	Aliwal (Ambala)	49.5	48.0	45.7	45.0	43.8	40.5	35.5	28.9	19.9
4-5/10/1955	Batala (Gurdaspur)	69.1	67.7	65.5	63.5	61.2	55.7	51.0	43.8	32.5
3-5/10/1955	Batala (Gurdaspur)	82.6	81.0	75.3	69.7	63.9	58.4	53.4	47.2	38.4
26/9/1947	Dadupur (Ambala)	30.5	29.9	28.6	27.3	26.0	23.5	20.8	17.7	14.9
26-27/9/1947	Dadupur (Ambala)	40.6	40.4	39.1	38.4	37.1	34.2	30.8	25.8	21.0
25-27/9/1947	Dadupur (Ambala)	56.3	55.3	51.0	48.4	45.8	42.4	38.2	32.6	26.8
29/9/1924	Lansdowne (Garhwal Himalayas)	35.1	34.9	33.8	32.9	31.0	27.1	25.0	23.0	18.5
28-29/9/1924	Lansdowne (Garhwal Himalayas)	59.4	58.2	57.1	56.0	54.0	49.5	44.5	38.8	33.8
28-30/9/1924	Lansdowne (Garhwal Himalayas)	77.5	76.8	75.5	74.0	70.9	63.5	55.8	49.0	41.0
18/9/1880	Nagina (Bijnor)	82.3	82.0	80.0	77.5	73.6	62.8	51.5	40.5	26.3
17-18/9/1880	Nagina (Bijnor)	104.1	103.5	100.0	99.1	95.9	86.8	76.8	63.0	41.4

as mesmas profundidades de chuva para a duração de 3 dias. É de referir aqui que a tempestade de setembro de 1880 ocorreu sobre e perto das planícies do estado de Uttarakhand, enquanto que a tempestade de setembro de 1988 ocorreu em toda a bacia do Indo, cobrindo mais de 2 lakhs km2 de área, causando graves inundações nas principais bacias hidrográficas. A tempestade de setembro de 1947 é um pouco menos grave do que todas as outras quatro tempestades. A Fig.9 mostra o padrão isoihetal de 3 dias da tempestade de 24-26 de setembro de 1988.

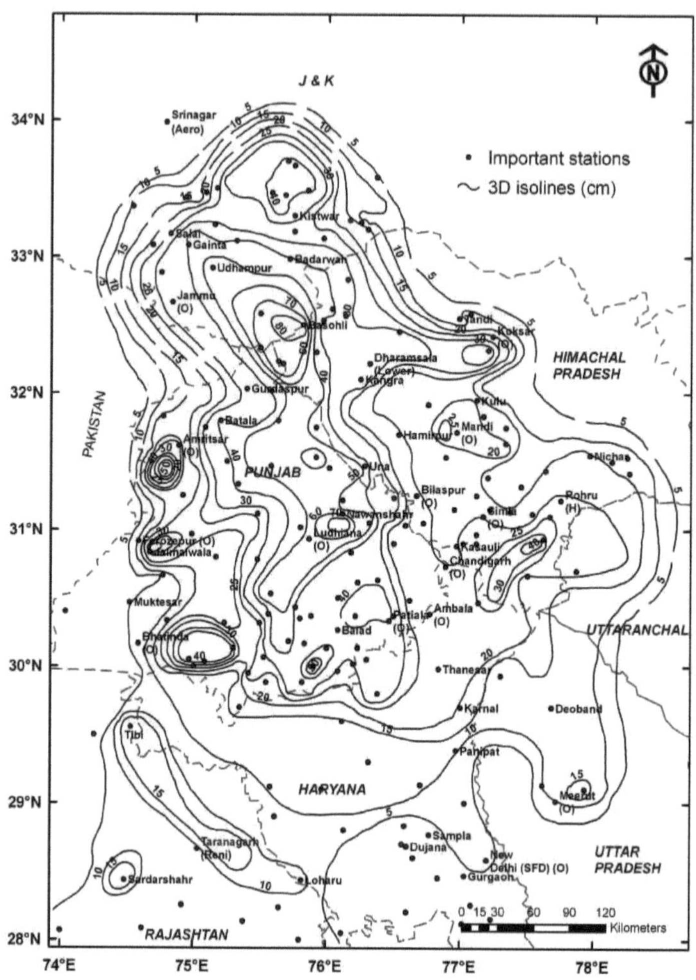

Fig. 9 : Padrão isoihetal de 3 dias da tempestade de 24-26 de setembro de 1988 sobre a NW Himalaias

24

CAPÍTULO 11

11. Inundações/explosões de nuvens

As fortes tempestades que ocorrem nesta região conduzem normalmente a picos de cheias no rio Yamuna. Os estudos efectuados por Dhar (1962), Johri et al (1976), Ghosh et al (1982) e Dhar & Nandargi (1991) mostraram que as cheias recorde de todos os tempos ocorreram em agosto de 1976, setembro de 1978 e setembro de 1988. Durante as cheias de setembro de 1988, o rio Yamuna ultrapassou o nível de perigo de 204,83 m na ponte Delhi Rly. Bridge e atingiu o nível máximo de 206,92 m em 27 de setembro de 1988. Este facto deveu-se às fortes chuvas de setembro de 1988. O nível das águas do rio Yamuna permaneceu acima do nível máximo durante 4 dias, de 26 a 29 de setembro de 1988. A ponte de Wazirabad e a ponte velha sobre o rio Yamuna, em Deli, foram encerradas ao trânsito durante 2 dias. Embora tenha havido muito poucas vítimas, registaram-se grandes perdas de bens e culturas durante este pico de cheia.

Normalmente, a região ocidental dos Himalaias é palco de fenómenos de rebentação de nuvens durante a estação das monções, em associação com a forte circulação das monções ou com a interação da circulação das monções com os sistemas ocidentais de latitude média. A orografia da região desempenha um papel preponderante, aumentando a convecção e, consequentemente, a intensidade dos aguaceiros, que provocam fortes deslizamentos de terras, inundações repentinas e perda de vidas humanas. Os recentes aguaceiros registados nesta região são enumerados no Quadro 7.

Quadro 7: Acontecimentos recentes de aguaceiros no NW dos Himalaias

Date of occurrence of cloudburst	Region affected
15 Aug. 1997	Simla district, Himachal Pradesh
17 Aug. 1998	Kumaun division of Uttarakhand
16 Jul. 2003	Kullu, Himachal Pradesh
6 Jul. 2004	Alaknanda river in Chamoli district, Uttarakhand
16 Aug. 2007	Himachal Pradesh
7 Aug. 2009	Munsiyari, Pithorgarh district. of Uttarakhand
6 Aug. 2010	Leh, Ladakh region of J&K
15 Sept. 2010	Almora district of Uttarakhand
9 Jun. 2011	Near Jammu
20 Jul. 2011	Upper Manali region, Himachal Pradesh
4 Aug. 2012	Chamoli district of Uttarakhand

No entanto, a região de Laddakh, em J&K, não é conhecida por ser frequentemente afetada por este tipo de fenómenos. Trata-se de um deserto frio e a precipitação média para o mês de agosto é de apenas 14,5 mm. A precipitação mais elevada jamais registada em Leh durante 24 horas foi de 51,3 mm registada em 22 de agosto, 1933. Uma série de aguaceiros foi registada perto de Leh, em Jammu e Caxemira, por volta das 01h30-0200 horas do dia 6 de agosto de 2010, provocando inundações repentinas e deslizamentos de lama na região. Esta situação causou uma enorme perda de vidas e propriedades (fonte: http://imd.gov.in/doc/cloud-burst-over-leh.pdf).

Himalaias centrais ou do Nepal

O Nepal, situado nos Himalaias centrais, estende-se ao longo da cordilheira dos Himalaias por 885 km e a sua largura de norte a sul varia entre 145 km e 248 km. É dominado pelas cadeias montanhosas dos Himalaias que se estendem de leste para oeste (ver Fig.1). A altitude dos Himalaias varia no Nepal entre 60 m de altitude em Jhapa, o distrito mais oriental do sul, e mais de 8848 m de altitude no Monte Evereste, a norte. Alguns dos picos mais altos do mundo, como o Evereste (8848 m), o Kanchenjunga (8598 m), o Mahkalu (8481 m), o Dhaulagiri (8172 m), o Manaslu (8156 m), o Cho Oyo (8153 m) e o Annapurna (8078 m), situam-se no território do Nepal e muitos deles ao longo da fronteira com o Tibete, a norte.

Tendo em conta as caraterísticas fisiográficas, Kansakar et al (2004) e Hannah et al (2005) dividiram o Nepal nas cinco grandes regiões seguintes, de sul para norte, com altitudes crescentes, como mostra a Fig.10. A maior parte das estações pluviométricas (i.e. 50) situa-se na faixa altitudinal de 100 a 200 m e 30 estações na faixa de 1300-1400 m.

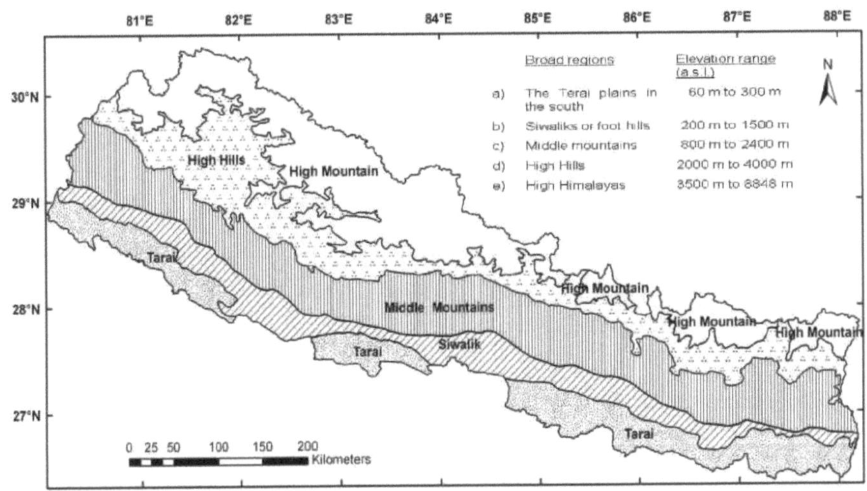

Fig.10 : Grandes regiões topográficas do Nepal e suas elevações

A topografia acidentada acima mencionada é a principal responsável pela produção de diferentes climas, desde o subtropical no sul até ao tipo alpino no norte dos Himalaias do Nepal.

12. Início e retirada da monção sobre o Nepal

O início da monção no Nepal tem-se caracterizado principalmente por i) ventos de superfície de sudeste em todo o país, ii) aumento da precipitação e iii) diminuição da temperatura em comparação com a de abril e maio. A primeira caraterística do início da monção não se verifica quando ocorre uma situação de monção de rutura na Índia, durante a qual a depressão da monção se desloca para as colinas do sopé dos Himalaias, provocando ventos de superfície de noroeste em toda a faixa do Tarai e, em certa medida, nas regiões montanhosas do Nepal.

Uma vez que o início da monção ocorre primeiro a leste, as actividades da monção são mais frequentes na parte oriental do que na parte ocidental do país. Por conseguinte, o avanço da monção ocorre geralmente de leste para oeste. Em geral, a data normal de início da monção no Nepal é 10 de junho (ver figura 11). Avança para oeste, demora cerca de 2 dias a chegar ao vale de Katmandu e 5 dias a cobrir todo o país, ou seja, cobre todo o país por volta de 17 de junho. A monção retira-se primeiro da parte ocidental do Nepal por volta de 20 de setembro e atravessa todo o país por volta de 1 de outubro. Por conseguinte, a duração de

A monção no Nepal dura cerca de 110 dias.

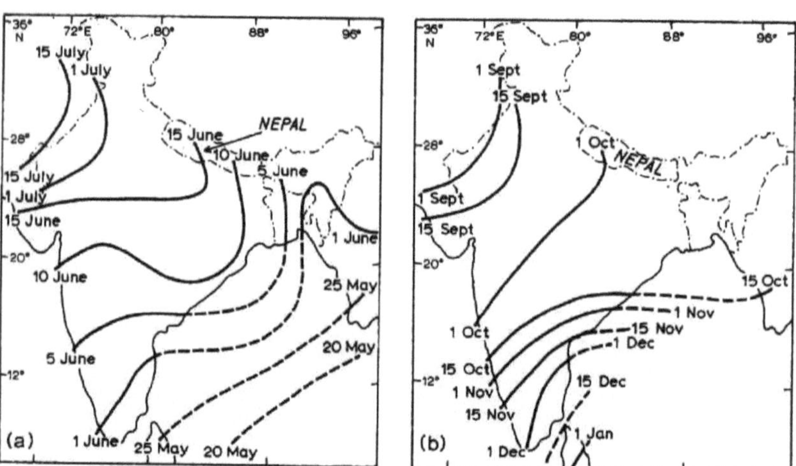

Fig.11: Datas normais do início (a) e da retirada (b) das monções no Nepal e na Índia

CAPÍTULO 13

13. Distribuição da precipitação média anual e das monções no Nepal

Estudos da circulação atmosférica inferior e superior no Nepal sugerem que a distribuição da precipitação pode ser analisada em quatro estações distintas: pré-monção (março a maio); monção de verão (junho a setembro); pós-monção (outubro); e inverno (novembro a fevereiro) (Nayava, 1980). Embora não se disponha facilmente de dados sobre a precipitação no Nepal durante um longo período de anos, Dhar e Rakhecha (1981), Dhar e Mandal (1986), Dhar e Nandargi (2000 a, 2002 a&b e 2005 a&b) efectuaram estudos sobre a precipitação em diferentes secções dos Himalaias do Nepal. Os seus estudos revelam que a monção é a principal estação das chuvas nesta região. No presente estudo, a monção e a precipitação anual foram estudadas em pormenor.

Devido ao relevo montanhoso acidentado, os efeitos orográficos são bastante fortes, pelo que as variações espaciais e temporais da precipitação são bastante grandes. Quando os ventos portadores de chuva se aproximam do Nepal vindos de sudeste na estação das monções de verão, a maior parte da precipitação cai sobre os contrafortes dos Himalaias inferiores, aumentando com a altitude a barlavento e diminuindo acentuadamente a sotavento de cada cordilheira sucessiva (ver figura 12).

A precipitação média anual (MAR) do Nepal foi de 1 857,6 mm, sendo a MAR mais elevada registada em Lumle (distrito de Kaski) de 5 402,8 mm e a mais baixa em Lomanthang (distrito de Mustang) de 143,6 mm. Ambos os locais de precipitação mais elevada e mais baixa estão situados na região de Annapurna, no Nepal. As estações situadas no Terai e nas colinas do sopé dos Himalaias (Fig. 12) recebem anualmente precipitações da ordem dos 1500 a 2000 mm.

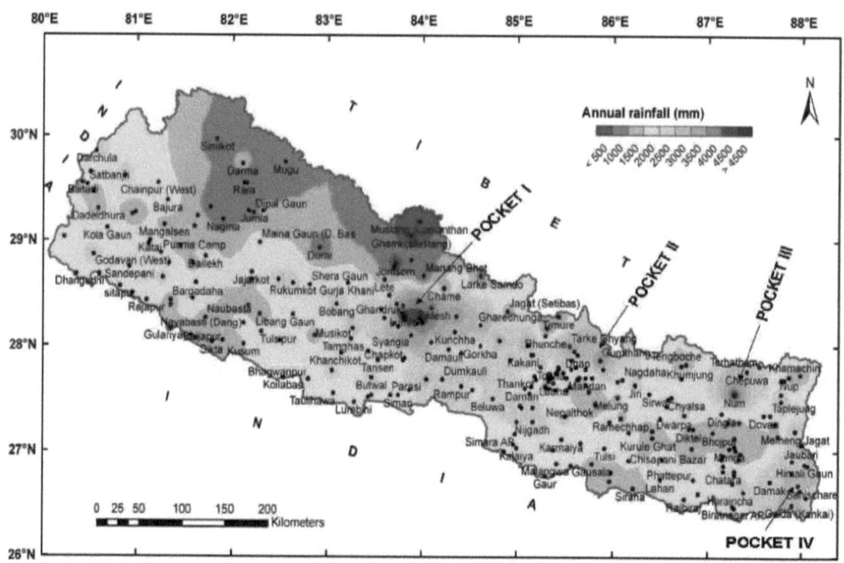

Fig.12: Distribuição espacial da precipitação média anual (mm) no Nepal (Himalaias Centrais)

As colinas centrais recebem anualmente precipitações da ordem dos 2000 mm a 3000 mm. Para norte, à medida que nos aproximamos da cordilheira dos Grandes Himalaias, a precipitação diminui e é da ordem dos 1000 mm a 2000 mm na metade oriental e na metade ocidental é de 1000 mm a 1500 mm ou mesmo < 500 mm. Em todo o Himalaia (tanto no Himalaia indiano como no Nepal), com exceção de algumas bolsas de precipitação intensa que são > 3500 mm, a precipitação varia geralmente entre 1000 mm e 3000 mm. Dhar & Nandargi (2000 a), no seu estudo, mostraram que na região do Evereste - Kanchenjunga no Nepal (altitude de 3000 a 4000 m) a precipitação anual recebida é de apenas 1000 mm. De acordo com o estudo do IMD (Anon, 1960), o glaciar de Khumbu (5000 a 6000 m), no sopé do pico do Evereste, no lado do Nepal, recebe uma precipitação de cerca de 450 mm.

Como 80% da precipitação anual é recebida durante os quatro meses de monção, de junho a setembro, a maior parte das partes ocidental e oriental do Nepal recebe precipitações da ordem dos 1000 mm a 1500 mm, com exceção das regiões sudeste e média, que recebem precipitações da ordem dos 1500 mm a 2500 mm. No entanto, na parte central do Nepal encontram-se bolsas de precipitação intensa (>3500 mm). Os pormenores são discutidos na secção seguinte.

13.1 Bolsas de precipitação intensa nos Himalaias do Nepal

Com base nos dados de precipitação disponíveis em todo o Nepal, verificou-se que existem apenas 3 bolsas de precipitação intensa que recebem uma precipitação média anual que varia entre 3500 mm e > 5000 mm (ver Fig.12). Estas zonas situam-se a barlavento (sul) da cordilheira dos Grandes Himalaias, principalmente nos Himalaias centrais e orientais do Nepal.

a) **Bolsa I:** situa-se a sul da cadeia de Annapurna, com 7 km de altura, no centro do Nepal, cerca de 40 a 50 km a sul da cadeia, no vale superior de Pokhara. Dhar & Mandal (1986) e Dhar & Nandargi (2002 b, 2005 b) efectuaram estudos pormenorizados sobre esta bolsa. Depois de analisar os dados disponíveis sobre a precipitação em todo o Himalaia (tanto na Índia como no Nepal) de leste para oeste, verifica-se que esta é a bolsa de precipitação mais intensa nos Himalaias Centrais (ver Fig. 12), de acordo com os registos actuais. No vale, há um bom número de estações, nomeadamente Pokhara (827 m), Lumle (1740 m), Bhadaure Deurali (1600 m), Lamachaur (1070 m), Khudi Bazar (823 m), etc., que registaram mais de 4000 mm de precipitação anual.

b) **Bolsa II:** Está situada a sul da cordilheira dos Himalaias de Langtang, que se encontra a nordeste do vale de Katmandu (1324 m) e quase muito perto da passagem de Kodari, que liga o Nepal central ao Tibete (ver Fig. 12). Esta bolsa também recebe as monções e a precipitação anual é superior a 4000 mm. Algumas estações nesta região, como Chautara (1660 m), Gumthang (2000 m) e Sarmathang (2625 m) registaram precipitações anuais da ordem dos 4000 mm. A cordilheira dos Himalaias de Langtang, com 7 km de altura, funciona como uma barreira aos ventos húmidos vindos do sul, fazendo com que estes libertem a maior parte da sua humidade antes de atravessarem a cordilheira (Dhar & Nandargi, 2005 b).

c) **Bolsa III:** Esta bolsa situa-se a sul da cordilheira dos Himalaias que liga os picos Kanchenjunga (8598 m) e Evereste (8848 m). Estações nesta bolsa, como Num (1676 m) e Chepuwa (2591 m), registaram precipitações entre 2500 mm e 4200 mm. Dhar & Nandargi (2000 a) estudaram a distribuição da precipitação em torno dos dois picos mais altos, nomeadamente o Monte Evereste e Kanchenjunga, e verificaram que a região de Kanchenjunga recebe mais precipitação do que a região do Evereste. Ao aproximar-se destes dois picos a partir do sul, a precipitação diminui rapidamente porque a humidade é derramada nas cordilheiras dos Himalaias a sul. A estação de Chepuwa (2590 m), situada a meio caminho entre estas duas regiões, a sul da cordilheira dos Grandes Himalaias, regista uma precipitação média anual de 2750 mm. Com base nos dados de pluviosidade das estações disponíveis, Dhar & Nandargi (2002 b) mostraram que há uma redução de cerca de 25 a 30% na pluviosidade no lado sul do Tibete, ou seja, a sotavento do Monte Evereste e da região de

Kanchenjunga, devido ao efeito de sombra da cadeia dos Grandes Himalaias.

d) **Bolso IV:** No sudeste do Nepal, no distrito de Illam, a propriedade de chá de Kanyam registou uma precipitação média anual > 3000 mm. Esta estação, situada perto da fronteira do Nepal com o distrito indiano de Darjeeling, recebe o primeiro surto de monção quando a monção se instala no Nepal.

As bolsas de precipitação elevada acima referidas estão localizadas em regiões dos Himalaias onde ocorrem grandes diferenças topográficas em distâncias muito curtas. Isto promove a rápida ascensão e condensação do ar húmido, o que resulta na produção de grandes quantidades de precipitação.

A precipitação mais baixa regista-se nas regiões trans-Himalaias de Mustang e Manang, que se situam no centro e no noroeste adjacente do Nepal, aproximadamente entre Long. A precipitação média anual destas regiões semi-áridas do Nepal varia entre 200 mm e 800 mm. A aridez das regiões deve-se principalmente ao facto de se situarem a sotavento da cadeia de Annapurna, com 7 km de altura e 40 a 50 km de comprimento, no Nepal Central (Dhar e Nandargi, 2002 b).

CAPÍTULO 14

14. Eventos de precipitação mais elevados em 24 horas

A topografia variada das cordilheiras dos Himalaias no Nepal é responsável por chuvas intensas numa região e menos na outra. Os fenómenos extremos de precipitação em diferentes partes do Nepal mostraram que as precipitações mais elevadas em 24 horas são predominantes nas planícies das regiões de Tarai e Siwalik do que nas altitudes mais elevadas (ver Fig. 13).

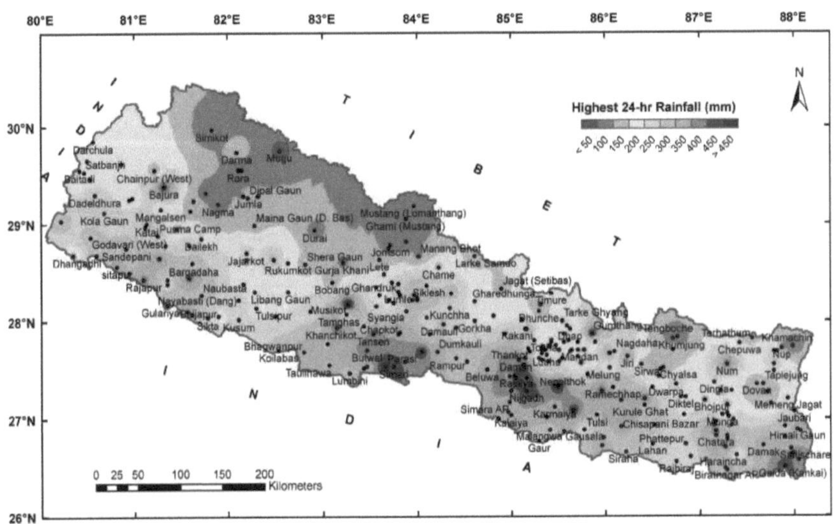

Fig.13: Distribuição espacial da precipitação máxima de 24 horas no Nepal

Das 270 estações, apenas 7 estações registaram a maior precipitação em 24 horas > 450 mm (ver Tabela 8) e 23 estações > 400 mm durante o período de 1947 a 2005, das quais as estações de Musikot e Gumthang registaram >500 mm em 24 horas. Cerca de 70% das estações registaram a sua maior precipitação em 24 horas entre 100 mm e 300 mm. A maioria das estações (68) registou a maior precipitação em 24 horas no mês de julho, seguido de setembro (37), agosto (33), junho (24) e outubro (14). No ano de 2002, que foi um ano de seca para a Índia, devido a uma situação de monção quebrada, o Nepal recebeu chuvas muito fortes durante os meses de monção. Cerca de 13 estações registaram a maior precipitação em 24 horas durante esse ano.

Quadro 8: Precipitação máxima em 24 horas (mm) > 450 mm nas estações de registo dos Himalaias do Nepal (1947 a 2005)

Station	District	High. 24-hr rainfall (mm)	Date of Occurrence
Parasi	Nawalparasi	495.0	03/08/1998
Musikot	Gulmi	503.0	29/07/1960
Hetaunda N.F.I.	Makwanpur	456.8	31/07/2003
Tistung *	Makwanpur	540.0	20/07/1993
Gumthang	Sindhupalchok	505.0	25/08/1968
Hariharpur Gadhi	Sindhuli	482.5	20/07/1993
Anarmani Birta	Jhapa	473.0	10/10/1959

* Comité de Desenvolvimento da Aldeia

CAPÍTULO 15

15. Bacias hidrográficas e estudos de inundações

O Nepal tem três grandes sistemas fluviais (ver Fig. 14), nomeadamente a) o Karnali ou Ghagra, b) o Narayani ou Gandak, c) o Kosi ou Sapta Kosi, cada um com numerosos afluentes que drenam as encostas das montanhas de norte a sul e de leste a oeste. Estes três sistemas fluviais correm para sul em direção às planícies do Terai e juntam-se ao poderoso rio Ganges nos estados indo-gangéticos de Uttar Pradesh e Bihar, no norte da Índia. Todos estes rios têm as suas nascentes nos glaciares e campos de neve dos Altos Himalaias e, durante os meses de monção, de junho a setembro, estão normalmente sujeitos a grandes inundações devido a fortes chuvas nas respectivas bacias hidrográficas.

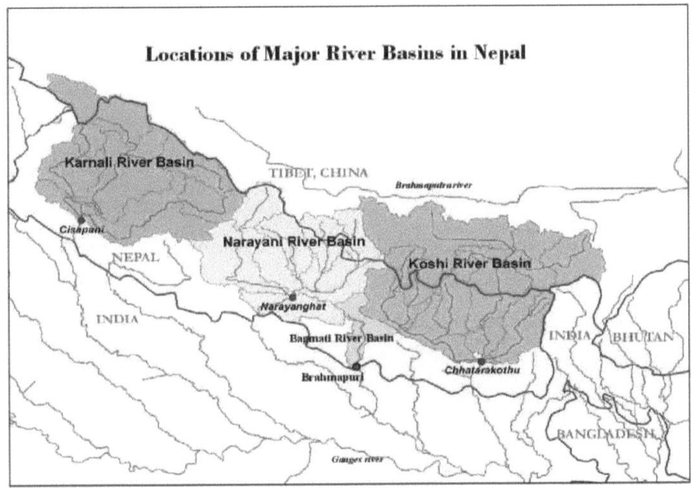

Fig.14: Localização das três principais bacias hidrográficas dos Himalaias do Nepal

O exame minucioso dos dados pluviométricos do passado mostrou que, no passado, ocorreram no Nepal fortes aguaceiros que provocaram graves inundações em diferentes bacias hidrográficas e a destruição de vidas e propriedades. Os fenómenos de precipitação de alta intensidade (também designados por tempestades fortes) ocorrem frequentemente nas montanhas médias e nas planícies baixas do Nepal, provocando deslizamentos de terras, fluxos de detritos e inundações, destruindo vidas e bens. Os anos de 1962, 1975 e 1984 são identificados como anos de precipitação excessiva, enquanto 1957, 1972, 1977 e 1982 são considerados como anos de precipitação de monção severamente deficiente. No presente estudo, foi dada ênfase às inundações devidas a chuvas fortes no

Nepal. Following is the list of heavy rainspells occurred over Nepal in the past years of 1975 to 2012 :- 15-19 Jul. 1978, 15-17 Jul. 1983, 15-17 Sept. 1984, 11-13 Aug. 1987 and 20 Oct. 1987, 2627 Aug. 1990, 19-22 Jul. 1993, 12-13 Aug. 1995, 10-11 Aug. 1997, 3-4 Jul., 1999, 23-24 Jun. 2000, 21-26 Jul., 2002, 30-31 Jul. 2003, 10 Jul. 2004, 24-25 Set. 2005, 16-23 Jul. 2007, 4-16 Out. 2009, 5-7 maio 2012.

Como já foi referido, todo o Nepal se situa na região montanhosa dos Himalaias, onde várias cadeias montanhosas correm geralmente no sentido este-oeste, paralelas às cadeias dos Grandes Himalaias. Há um grande número de vales situados entre estas cadeias montanhosas a uma altitude de cerca de 1000 m a 1500 m. Tendo em conta este facto, não é adequado analisar as chuvas fortes para estimar as maiores profundidades de chuva registadas nas respectivas bacias hidrográficas utilizando as técnicas normais de análise de tempestades (WMO, 1986). Por conseguinte, foi feita aqui uma tentativa de estudar as chuvas fortes e as inundações associadas em diferentes partes dos Himalaias do Nepal.

As inundações no Nepal resultam de chuvas intensas, derretimento de neve, rebentamento de lagos glaciares, rebentamento de barragens de deslizamento de terras, ou uma combinação de dois ou mais destes fenómenos (Dixit, 2003). As inundações e os deslizamentos de terras devem ser considerados em conjunto, na medida em que o seu impacto no Nepal deve ser analisado. Os deslizamentos de terras, desencadeados por chuvas intensas que provocam inundações repentinas nas zonas baixas, podem destruir campos agrícolas, deslocar famílias/aldeias, destruir infra-estruturas e perturbar as ligações normais entre as aldeias, principalmente nas colinas (por exemplo, chuvas intensas de 27-30 de setembro de 1981, 19-22 de julho de 1993 nas colinas). 1981 e 19-22 de julho de 1993 nas bacias dos rios Bagmati e Rapti Oriental); enquanto as inundações podem causar grandes danos à vida, à propriedade e ao ambiente ao longo das margens dos rios durante vários quilómetros a jusante e nas planícies (por exemplo, chuvas torrenciais de 28 de setembro-7 de outubro de 1968). Em 1902/03, registaram-se graves inundações no rio Bagmati, na região central. Inundações de 1964, 1981 e

1984 no rio Sunkosi são alguns dos eventos registados na região oriental. Manandhar & Khanal (1988); Dhital *et al.* (1993); International Centre for Integrated Mountain Development (1996); Khanal (1999, 2005), Chalise & Khanal (2002) fizeram uma lista das inundações ocorridas em diferentes partes do Nepal e dos danos causados entre 1968 e 2000. Shakya et. al. (2008) apresentaram um breve historial das inundações no vale de Catmandu no período de 1988 a 2002.

As inundações provocadas pelo desenvolvimento de infra-estruturas também estão a aumentar devido ao rápido desenvolvimento de infra-estruturas sem uma compreensão adequada dos fenómenos extremos, da sua recorrência e dos seus impactos potenciais. Por exemplo, as barragens de controlo e os diques na zona de Butwal (oeste do Nepal), construídos após a inundação de 1970, desmoronaram-se em 1981 e 41 pessoas, 120 casas, dois moinhos e uma ponte foram arrastados. Do mesmo modo, o colapso de barragens de controlo no rio Rapti, em 1993, causou a perda da vida de 24 pessoas e danos em 2206 casas em Chitwan (centro do Nepal). Quase todos os anos, milhares de famílias dos distritos de Saptari e Sunsari são afectadas pelas cheias provocadas pela barragem de Kosi.

Os lagos glaciares são uma caraterística comum a altitudes de 4.500 a 5.500 m em muitas bacias hidrográficas dos Himalaias do Nepal. Formam-se durante o processo de recuo dos glaciares (Kattelmenn, 2003). medida que o glaciar recua e o lago cresce, o aumento da pressão hidrostática do nível crescente da água do lago torna a barragem de suporte mais vulnerável ao colapso (Mool et al., 2001 a&b). Uma inundação criada pelo rebentamento de tais lagos glaciares com uma libertação súbita de uma grande quantidade de água do lago e detritos é designada por inundação de rebentamento de um lago glaciar (GLOF) (Shrestha, 2001).

No passado recente, as fortes chuvas de 21-26 de julho de 2002, 30-31 de julho de 2003 e 26 de julho de 2004 causaram precipitações recorde na bacia hidrográfica de Bagmati, afectando a região oriental e média do vale de Katmandu. A forte precipitação de 4-16 de outubro de 2009 afectou 14 distritos nas regiões do centro e extremo oeste do Nepal. As últimas chuvas torrenciais de 5-7 de maio de 2012 sobre o vale de Pokhara provocaram o bloqueio do rio Seti devido a um deslizamento de terras e a água acumulada causou inundações repentinas em torno do Monte Annapurna e arredores. Isto mostra que as catástrofes naturais associadas a fenómenos meteorológicos extremos estão amplamente distribuídas no Nepal e apresentam uma tendência crescente. (Ref: http://earthobservatory.nasa. gov/IOTD/view.php ? id=78070).

<u>NORDESTE (NE) HIMALAIAS (ÍNDIA, BUTÃO)</u>

A região nordeste dos Himalaias inclui as maiores porções dos seguintes Estados: Sikkim, Bengala Ocidental Sub-Himalaia, Arunachal Pradesh, Assam no subcontinente indiano e Butão, formando o principal sistema do rio Brahmaputra.

CAPÍTULO 16

16. Fisiografia do Nordeste dos Himalaias e sistema do rio Brahmaputra

A seguir ao sistema do rio Ganges, no norte da Índia, o sistema do rio Brahmaputra, no nordeste da Índia, é o segundo maior sistema fluvial do subcontinente indiano. O Brahmaputra Board, no seu relatório sobre o projeto Dihang (1983), declarou que a maior parte do potencial hidroelétrico da Índia se concentra na bacia do Brahmaputra, mais de 80% do qual se situa nas bacias dos rios Siang e Subansiri. Uma avaliação realista deste vasto recurso hídrico é essencial para planear uma utilização óptima da água disponível nestas bacias.

O rio Brahmaputra, que significa literalmente "Filho de Deus", nasce a uma altitude de cerca de 5300 m no glaciar de Kanglung Kang (82°10'E e 30°31'N), a sul do lago Konggyu Tosho (4 877 m), no Tibete ocidental, junto à cordilheira de Kailash. No Tibete ocidental, corre sob o nome de Yarlong-Tsangpo durante cerca de 1625 km para leste, quase paralelamente à cadeia dos Grandes Himalaias no seu lado norte. É o maior rio do mundo, a uma altitude de 4000 m. No Tibete oriental, o rio corre em torno do maciço coberto de neve de Namche Burwa (7 756 m) e do Gyala Peri e entra no Arunachal Pradesh em Kepang La, acima da estação de Tuting, como rio Siang (também chamado Dihang) (ver Fig.1).

O rio Siang entra na Índia vindo do Tibete a uma altitude de 3 600 m e, depois de atravessar o terreno acidentado dos Himalaias de Arunachal Pradesh (também conhecido como "*Terra do Sol Nascente*"), nomeadamente as colinas de Mishmi no lado oriental e as colinas de Abore no lado ocidental, emerge nas colinas do sopé dos Himalaias a uma altitude de 150 m a oeste da cidade de Sadiya. Dois outros afluentes dos Himalaias, Dibang e Lohit, juntam-se a este rio na subdivisão de Sadiya do distrito de Tinsukhia, a leste da estação de Kobo, e é a partir desta confluência que o rio assume a sua forma poderosa e é designado por **"Brahmaputra"** (ver figura 1). Em seguida, corre para oeste durante mais 640 km através do vale de Assam até à cidade de Goalpara. Aqui, toma um rumo sul e entra no Bangladesh. Durante a sua viagem através do vale de Assam, cerca de 38 grandes afluentes juntam-se ao rio Brahmaputra, 26 a partir do norte e 12 a partir da margem sul (Mohile, 1999). Segundo ele, os afluentes do Brahmaputra, incluindo o Siang, o Dibang, o Lohit e o

O Subansiri contribui com cerca de 70% do rendimento médio anual do Brahmaputra em Pandu, perto de Guwahati. Por conseguinte, esta região dos Himalaias orientais, em Arunachal Pradesh, recebe fortes precipitações que geram 70% do caudal do rio Brahmaputra. O rio é também conhecido como *o rio da tristeza de Assam* devido às graves inundações recorrentes que ocorrem durante os meses de monção do sudoeste, de meados de maio a meados de outubro, provocando enormes mortes e destruição.

A bacia do Siang, para além da sua própria bacia, é constituída por nove sub-bacias principais dos seus afluentes, nomeadamente Siyum, Yang Sang Chu, Simong, Ringong, Simong Yamu, Siku e Sabia. O rio Subansiri, que nasce na cordilheira dos Grandes Himalaias, é um dos principais e primeiros afluentes que se juntam ao rio Brahmaputra a montante. O rio atravessa a cordilheira central dos Himalaias, na qual se encontram uma série de picos elevados (Fig. 1). O comprimento total do rio é de cerca de 375 km, dos quais cerca de 208 km são em terreno montanhoso. O Kamla e o Khuru são os dois principais afluentes do rio Subansiri que se juntam ao rio principal perto de Gensi. As cheias são caraterísticas mais comuns nestas duas bacias durante a estação das monções do sudoeste, quando ocorrem chuvas fortes a muito fortes nesta região.

No extremo oeste do Nordeste dos Himalaias, o rio Teesta (ou Tista) nasce nos glaciares dos Himalaias em Sikkim. Corre cerca de 172 km na região montanhosa antes de emergir nas planícies aluviais do norte de Bengala, na Índia. O rio atravessa 97 km nas planícies indianas antes de entrar na região do extremo noroeste do Bangladesh. Percorre cerca de 124 km no Bangladesh e junta-se ao rio Brahmaputra. Diz-se que o rio é a linha de vida do Sikkim.

CAPÍTULO 17

17. Caraterísticas fisiográficas do NE dos Himalaias - Butão

O Butão está situado no Nordeste dos Himalaias, entre as coordenadas Lat. 26° 45'N e 28° 10'N e Long. 88° 45'E a 92° 10'E. Estende-se por 340 km de comprimento de oeste a leste e 170 km de norte a sul, com uma área aproximada de 38.394 km2. Faz fronteira com o planalto tibetano a norte e com os Estados indianos de Sikkim a oeste, Bengala Ocidental e Assam a sul e Arunachal Pradesh a leste (ver Fig.1). O terreno é maioritariamente acidentado e montanhoso, com elevações que variam entre 200 m e mais de 7000 m de altitude numa distância inferior a 175 km. Cerca de 21% do território total, acima de 4.200 m de altitude, está coberto por neve, glaciares e lagos glaciares. A variação do clima é extremamente dependente da altitude.

Sendo um país sem litoral, os recursos hídricos do Butão são essencialmente constituídos por rios. Existem alguns lagos, na sua maioria pequenos, localizados em zonas alpinas remotas e de grande altitude, que não têm grande utilidade económica. Alguns destes lagos são lagos glaciares e a sua eclosão, de tempos a tempos, tem resultado em enormes inundações repentinas e em danos para vidas e bens. Devido à natureza topográfica do país, os principais rios correm de norte para sul, até à zona tropical de Assam, na Índia. A maior parte deles nasce no próprio Butão, com exceção de alguns que têm a sua origem no planalto tibetano (ver Fig.1). Estes rios têm declives longitudinais acentuados e desfiladeiros estreitos e íngremes, que ocasionalmente se abrem e proporcionam vales mais amplos com pequenas áreas de terreno plano para cultivo. Alguns dos principais rios cortaram vales com 1.000 m de profundidade através das montanhas. A maioria dos vales é estreita e em forma de V, o que indica que a erosão hídrica foi a principal causa da sua formação. Devido aos declives longitudinais acentuados e ao elevado escoamento anual, estes rios oferecem um potencial hidroelétrico significativo, com um potencial teórico estimado em 30 000 MW.

O **Manas** é o maior sistema fluvial do Butão, entre os seus quatro principais sistemas fluviais; os outros três são o Amo Chu ou Torsa, o Wong Chu ou Raidak e o Mo Chu ou Sankosh. É um rio transfronteiriço situado no sopé dos Himalaias, entre o sul do Butão e a Índia, e é atravessado por três outros grandes cursos de água antes de voltar a desaguar na Índia, no oeste de Assam. O comprimento total do rio é de 376 km, atravessa o Butão durante 272 quilómetros e depois Assam durante 104 km antes de se juntar ao poderoso rio Brahmaputra em Jogighopa. Outro grande afluente do Manas, o rio Aie, junta-se a ele em Assam, em Bangpari.

18. Caraterísticas climáticas da região NE dos Himalaias

Os Himalaias orientais e centrais da região dos Grandes Himalaias desempenham um papel importante na determinação do clima da região. No inverno, servem de barreira ao ar continental frio e intenso que flui para sul e, durante os meses de monção, os ventos húmidos que transportam a chuva são forçados a subir as montanhas para depositar a sua humidade. O clima em toda a região é húmido e bastante uniforme durante todo o ano. A humidade relativa varia entre 62 e 94%. A bacia do Brahmaputra regista temperaturas extremamente baixas durante os meses de inverno, de dezembro a fevereiro. A temperatura máxima e mínima registada na estação Zero é de 27,3° C e 8,0° C, respetivamente, no inverno. No presente estudo, é dada maior ênfase à distribuição da precipitação e às inundações associadas nas principais bacias hidrográficas desta região.

18.1 Distribuição sazonal e anual da precipitação no NE dos Himalaias

A monção de sudoeste entra normalmente em Assam e na zona adjacente por volta do final de maio, estabelecendo-se firmemente em todo o Nordeste da Índia e no Butão no final de junho. Retira-se da região na segunda semana de outubro. Como já foi referido, durante os quatro meses de monção, de junho a setembro, os sistemas de baixa pressão, como depressões, tempestades ciclónicas, etc., originários da Baía de Bengala, quando atravessam a costa indiana, deslocam-se por vezes na direção leste a nordeste, provocando fortes precipitações na região. Para além das chuvas de monção, há uma atividade considerável de trovoadas nesta região no mês de maio e a precipitação causada por estas trovoadas (cerca de 33,8 cm, Pant et al., 1970) é comparável em magnitude à precipitação de qualquer um dos meses de monção. Por conseguinte, no presente estudo, o período de monção é considerado de maio a outubro para esta região.

De acordo com Murthy (1981), a bacia hidrográfica do Brahmaputra e os seus afluentes na Índia recebem chuvas muito intensas que variam entre 1100 mm e 6400 mm por ano. A maior parte do escoamento do rio é contribuída por chuvas intensas de cerca de 5100 a 6400 mm nas colinas de Abor e Mishmi em Arunachal Pradesh e de 2500 a 5100 mm na bacia do Brahmaputra. Goswami (1998) e Chakraborty & Singh (1999) mencionaram que a bacia do Brahmaputra na Índia recebe uma precipitação média anual de 2300 mm e que a sua bacia hidrográfica no nordeste (isto é, Arunachal Pradesh) recebe 4100 mm de precipitação por ano. Afirmaram também que a precipitação no sector dos Himalaias no nordeste ascende a 5000 mm por ano, sendo que as faixas mais baixas recebem mais do que as faixas mais altas (cerca de 6350 mm ou mais), causando inundações frequentes no vale de Assam. A título de exemplo, Dibrugarh (uma estação na cabeça do vale de Assam), na parte oriental, recebe uma precipitação anual da ordem dos 2850 mm, ao passo que Passighat, situada nas colinas de pés dos Himalaias orientais em Arunachal Pradesh, recebe 5070 mm de precipitação anual. A estação de Tuting, situada mais acima nos Himalaias (bacia de Siang), regista uma precipitação anual de cerca de 2740 mm.

Com base nos dados de precipitação de 267 estações disponíveis para o período de 1901 a 2005, a precipitação média anual da região foi calculada como sendo da ordem de 2444,3 mm. A Fig.15 mostra a distribuição espacial da precipitação anual no NE dos Himalaias. Verifica-se que a zona de precipitação mais elevada se situa perto das colinas do sopé dos Himalaias. À medida que se avança para norte, em direção às cordilheiras mais altas dos Himalaias, a precipitação diminui acentuadamente com o aumento da elevação. Existem 5 estações, nomeadamente Buxa, Pasighat e Denning, na região indiana

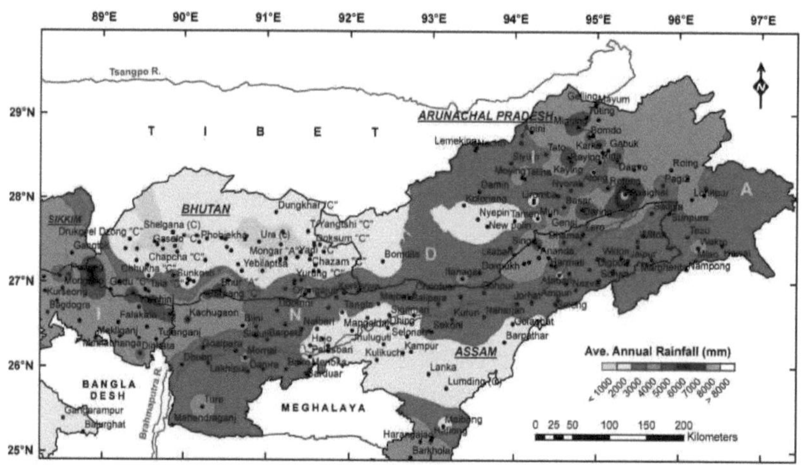

Fig.15: Distribuição da precipitação média anual (mm) na região NE dos Himalaias

e Sipsoo e Tendu na região do Butão, que registaram > 5000 mm de precipitação média anual. 17 estações registaram mais de 4000 mm de precipitação anual. Devido à altitude de algumas estações individuais nesta região, existem bolsas de precipitação alta e baixa em torno destas estações. Pasighat (AP) na Índia e Sipsoo no Butão (Quadir et al, 2007) registaram a precipitação média anual mais elevada de 8972 mm e 5866 mm, respetivamente. Toda a região NE dos Himalaias é composta por 6 grandes bacias hidrográficas e a precipitação média anual e sazonal foi calculada para elas e é apresentada no Quadro 9.

Quadro 9: Precipitação média anual e sazonal (mm) das principais bacias hidrográficas do Nordeste dos Himalaias

No.	Major river basins	Catch. Area (Sq.km)	Rainfall (mm)			Season rainfall as % of annual	
			Jun.-Sept.	May-Oct.	Annual	Jun.-Sept.	May-Oct.
1	Entire Siang basin	14039	1725.0	2395.0	3024.0	57	79
2	Subansiri	24116	1164.0	1450.0	1844.0	63	79
3	Puthimari and Pagladiya	3380	1629.8	2088.2	2434.4	67	86
4	Manas (Bhutan)	18300	938.2	1144.0	1349.8	70	85
	Manas (India)	23050	1799.9	2331.1	2637.9	68	88
	Manas (Entire)	41350	1070.7	1326.6	1548.0	69	86
5	Torsa, Raidak, Sankosh	21810	1815.5	2206.4	2461.2	74	90
6	Teesta (India)	10155	2323.6	2747.4	3009.2	77	91

Num estudo recente (Quadir et al, 2007) sobre as caraterísticas climáticas do Butão, foi mencionado que a precipitação média anual do Butão é de 1679 mm e 70% ocorre nos meses de monção. As partes central e norte do Butão recebem relativamente menos precipitação.

A Tabela 9 mostra que cerca de 79-91% da precipitação anual é recebida durante os meses de monção de maio a outubro. A precipitação média anual varia entre 1548 mm na bacia de Manas e 3009 mm na bacia de Teesta. Verifica-se igualmente que as quantidades de precipitação registadas nas bacias situadas na região média, nomeadamente Subansiri, Puthimari-Pagladiya e Manas, são comparativamente inferiores às das bacias orientais de Siang e ocidentais de Teesta. Isto deve-se ao facto de estas bacias da região média estarem muito misturadas com as cadeias montanhosas, o que faz com que as regiões de sombra entre as duas colinas recebam menos precipitação. Por outro lado, as estações situadas na bacia do Siang recebem precipitações mais elevadas, o que talvez se deva à passagem direta de correntes de vento húmidas através das cadeias montanhosas de Miri e Abor em direção à extremidade oriental.

CAPÍTULO 19

19. Precipitação mais elevada em 24 horas na região NE dos Himalaias

A precipitação mais elevada em 24 horas registada pelas estações varia entre 36 mm em Gyetsha (C), Butão, e 912,4 mm em Passighat em Arunachal Pradesh, Índia. 71 estações registaram a maior quantidade de precipitação durante a estação chuvosa de julho, 37 estações em junho e agosto e 25 estações no mês de setembro. A distribuição espacial da precipitação mais elevada em 24 horas na região (Fig.16) mostra que a maioria das estações registou precipitações mais elevadas em 24 horas de 200 a 300 mm.

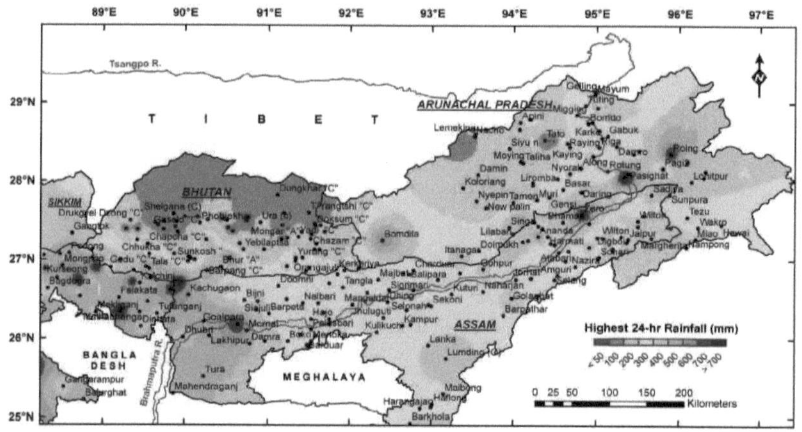

Fig.16 : Distribuição espacial da precipitação máxima de 24 horas (mm) na região NE dos Himalaias

Há bolsas de maior precipitação de 24 horas, localizadas principalmente no extremo nordeste e na região ocidental do NE dos Himalaias. Na parte norte do Butão há menos estações que registaram a maior precipitação em 24 horas < 50 mm. A Tabela 10 apresenta a lista de 21 estações que registaram a maior precipitação em 24 horas > 500 mm com a respectiva data de ocorrência. Estas estações situam-se perto das colinas do sopé dos Himalaias, a barlavento.

Tabela 10: Estações de registo da precipitação mais elevada (mm) em 24 horas (> 500 mm) no NE dos Himalaias

Stations	NE Himalayan region	24-hr highest rainfall (mm)	Date of Occurrence
Mathabhanga (H)	Sub-Himalayan West Bengal	800.6	13.08.1990
Darjeeling (O)	"	504.4	31.07.1995
Kurseong	"	640.0	05.10.1968
Mongpoo	"	546.1	12.06.1950
Buxa	"	538.5	08.06.1921
Hasimara (H)	"	790.6	21.07.1993
Kumargram (H)	"	657.5	21.07.1993
Nagarkata (H)	"	805.3	06.08.1990
Neora (H)	"	802.4	26.05.1990
Malda (O)	"	567.5	28.09.1995
Raiganj (H)	"	680.0	11.07.1999
Gedu "C"	Bhutan	520.0	03.08.2000
Surey "C"	"	611.6	02.08.2000
Ananda	Northeast India	600.0	20.08.1979
Bomdila	"	570.2	11.06.1976
NorthLakh	"	508.0	22.09.1956
Passighat (A)	"	912.4	28.07.1911
Roing	"	745.0	16.08.1977
Zero	"	800.0	16.09.1987
Goalpara	"	712.1	08.06.1970
Jamduar	"	805.5	07.09.1976

CAPÍTULO 20

20. Análise de tempestades

Toda a região NE dos Himalaias é constituída por seis grandes sistemas fluviais (ver Fig. 17), que são as sub-bacias do sistema principal do rio Brahmaputra. Estes sistemas fluviais têm a sua origem nos glaciares dos Himalaias de grande altitude. Cada um deles tem numerosos afluentes que drenam as encostas das montanhas dos Himalaias de norte a sul e formam, na sua maioria, uma estrutura de drenagem em forma de "V". Fluindo para sul, juntam-se ao rio Bramhaputra na Índia e no Bangla Desh. Todos estes rios estão sujeitos a grandes inundações durante os meses de monção, de junho a setembro, devido a fortes chuvas nas respectivas bacias hidrográficas.

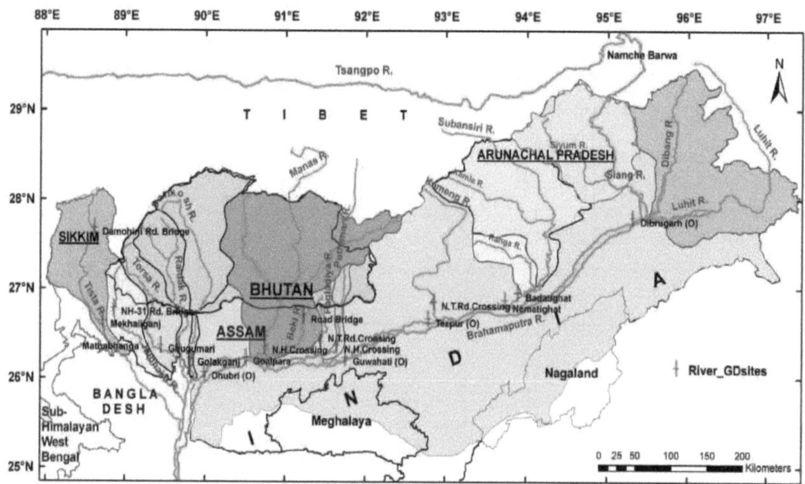

Fig.17: Principais bacias hidrográficas do NE dos Himalaias mostrando os sítios G/D nos rios da Índia

Pant et al. (1970), no seu estudo, mencionaram que 9-12 de agosto de 1902 e 18-21 de junho de 1934 foram as tempestades mais graves ocorridas no passado nesta região. Ambas as tempestades foram causadas pela deslocação para norte da extremidade oriental da depressão das monções (i.e. "Break"). As profundidades médias das chuvas causadas por estas duas tempestades em 67 700 km2 de uma área com a duração de 4 dias foram de 300 mm e 280 mm, respetivamente, sendo Mawsynram o centro da tempestade. Dhar e Kamte (1973) estimaram a precipitação pontual extrema de 1 dia (também conhecida como precipitação máxima provável ou PMP) utilizando a técnica estatística de Hershifeld (1965) sobre o vale de Assam e esta variou entre 300 e 750 mm. Utilizando a mesma técnica, mas uma rede de estações mais longa e mais actualizada, o IITM, Pune (1989) encontrou a precipitação pontual extrema a variar entre 400 e 800 mm.

Mandal et al (2003 & 2004) fizeram estudos detalhados destas duas bacias e estimaram as tempestades de projeto padrão (SPS) e a precipitação máxima provável (PMP) na região indiana, utilizando todos os dados de precipitação de longo período disponíveis das estações nas duas bacias e em torno delas, através de métodos hidrometeorológicos e estatísticos (Ref. Secção 4). Os períodos de chuva intensa selecionados para a estimativa da SPS e da PMP são enumerados na Tabela 11.

Quadro 11: Lista de tempestades severas na bacia de Siang e Subansiri e nas suas imediações

	Severe rainstorms for DD method	Severe rainstorms for DAD method
Siang basin	21-23 Jun.,1978, 01-03 Jul.,1979, 13-15 Jul.,1981, 23-25 Jul.,1982, 14-16 Sept.,1984	09-11 Aug.,1902, 05-07 Sept,1927, 24-26 Jun.,1931, 28-30 Jul.,1939, 25-27 Jun.,1942, 07-09 Jul.,1946, 05-07 Jul.,1947, 10-12 Jul.,1948, 21-23 Jun.,1979, 13-15 Sept.,1982
Subansiri basin	05-07 Sept.,1969, 25-27 Jul.,1972, 15-17 Jul.,1974, 21-23 May,1978, 30/6 - 2 Jul.,1979, 15-17 Jul.,1981, 22-24 Jul.,1982, 13-15 Sept.,1984, 12-14 Jul.,1985, 07-09 Aug.,1987, 21-23 Aug. 1988, 09-11 Jul., 1997	09-11 Aug.,1902, 11-13 Aug.,1903, 16-18 Apr.,1906, 03-05 Jul.,1908, 23-25 May ,1916, 05-07 Sept,1927, 24-26 Jun.,1931, 27-29 Jun.,1932, 14-16 Aug.,1933, 19-21 Jun.,1934, 04-06 Jun.,1935, 10-12 Jul.,1937, 05-07 Jul.,1947

A análise da chuva revelou que a chuva de 21-23 de junho de 1978 sobre toda a bacia de Siang e 12-14 de julho de 1985 sobre a bacia de Subansiri produziram as maiores profundidades de chuva pelo método DD para durações de 1, 2 e 3 dias e estas são referidas como profundidades de chuva SPS (ver Tabela 12). A Fig.18 mostra o padrão isoihetal de 3 dias da chuva de 21-23 de junho de 1978.

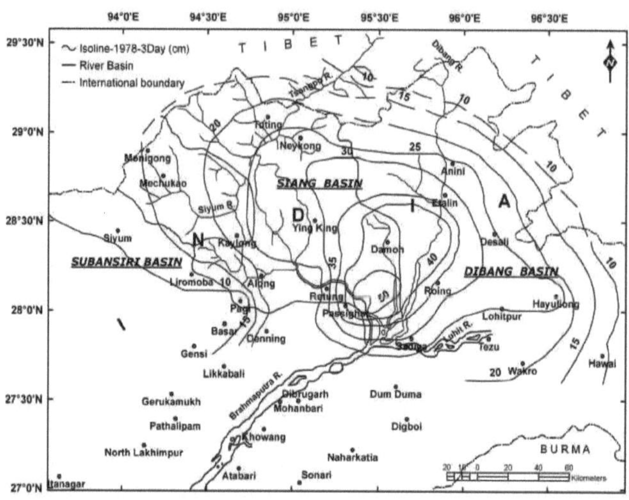

Fig.18: Padrão isoihetal de 3 dias (21-23 de junho) da tempestade de 1978 sobre a bacia de Siang

Estas profundidades de chuva SPS foram então maximizadas em termos de humidade com um Fator de Maximização da Humidade (MMF) adequado de 1,22 para as chuvas de junho de 1978 e 1,20 para as chuvas de julho de 1985 para obter profundidades de chuva PMP (Tabela 12).

Quadro 12 : Comparação das estimativas de SPS e PMP obtidas por diferentes métodos nas bacias de Siang e Subansiri

Design rain depths	Siang basin			Subansiri basin		
(mm) for	1-day	2-day	3-day	1-day	2-day	3-day
SPS by DD method	100	180	233	67	119	135
PMP by DD method	122	220	284	80	143	162
Rainstorm considered	21-23 June,1978 (MMF = 1.22)			12-14 Jul. 1985 (MMF = 1.20)		
SPS by DAD method	133	220	273	83	155	198
PMP by DAD method	179	297	369	112	209	267
Rainstorm considered	24-26 June,1931 rainstorm (MMF = 1.35) (IMD, 1988					
PMP by Statistical method (Point PMP)	287	396	545	179	246	369

Nota: Método da profundidade-duração (DD) Método da profundidade-área-duração (DAD)

Verificou-se que existe um bom número de estações localizadas na vizinhança destas duas bacias cujos dados de precipitação diária estão disponíveis durante um longo período de tempo. Utilizando estes dados, foram selecionadas tempestades severas para a análise DAD (ver Quadro 11).

48

De todas as tempestades severas, a tempestade de 24-26 de junho de 1931 produziu as maiores profundidades de chuva para durações de 1, 2 e 3 dias sobre e perto destas duas bacias (ver Fig.19).

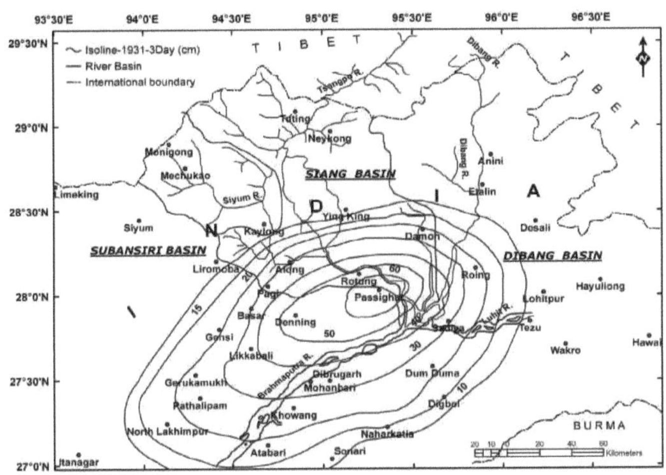

Fig.19 : Padrão isoihetal de 3 dias (24-26 Jun.) da tempestade de 1931

Como a região é altamente montanhosa, a transposição da chuva não foi efectuada. No entanto, utilizando a profundidade da chuva do envelope DAD da tempestade mais severa (junho de 1931), ocorrida perto das duas bacias, foi calculado um fator de correção da elevação (E.C.) adequado, ou seja, 1,32 para a bacia de Siang e 1,64 para a bacia de Subansiri, a partir do mapa de precipitação sazonal no seu local de ocorrência original. As profundidades SPS obtidas após a aplicação dos factores de correção da elevação acima referidos às profundidades da envolvente nas duas bacias são apresentadas no Quadro 12. Na avaliação do PMP, as profundidades máximas observadas na bacia (SPS) obtidas pelo método DD ou DAD para as duas bacias são maximizadas com os MMFs adequados (ver Quadro 12).

Utilizando a técnica estatística de Hershfield (1961), foram efectuadas estimativas do PMP para todas as estações nas duas bacias e em torno delas, com base nos dados de precipitação disponíveis para períodos de 1 a 3 dias. No entanto, pode ser mencionado aqui que a estimativa de qualquer parâmetro estatístico deve ser baseada em séries de dados de longo período, ou seja, > 30 anos. Uma vez que a duração dos registos de precipitação para as estações nas bacias de Subansiri e Siang é bastante curta, as estimativas de PMP acima referidas podem ser consideradas estimativas provisórias e estas estimativas são susceptíveis de alteração à medida que forem disponibilizados mais dados de precipitação na região de estudo.

A bacia de Manas, que é uma bacia hidrográfica transfronteiriça do Butão e de Assam (Índia), registou 6 a 7 tempestades no passado recente, das quais 11-13 de julho de 1996, 5-7 de julho de 1998, 18-20 de outubro de 1999, 1999 e 2-4 de agosto de 2000 foram as mais graves. A distribuição espacial de 3 dias da tempestade de 2-4 de agosto de 2000 é mostrada na Fig.20. Uma vez que Manas é a principal bacia do Butão, as profundidades médias das chuvas severas acima referidas são estimadas para a mesma e são apresentadas na Tabela 13 para durações de 1, 2 e 3 dias.

Quadro 13: Precipitações médias (mm) para tempestades severas na bacia de Manas, no Butão

Rainstorm	Average Raindepths (mm) for		
	1-day	2-day	3-day
11-13 Jul. 1996	50.9 (13/7) Pema Gatshel "C"	93.5 (12-13/7) Pema Gatshel "C"	112.2 Pema Gatshel "C"
5-7 Jul. 1998	44.7 (7/7) Dungmain "C"	76.1 (6-7/7) Dungmain "C"	101.8 Dungmain "C"
18-20 Oct. 1999	42.2 (19/10) Yebilaptsa	73.8 (19-20/10) Chendebji 'C"	96.1 Chendebji 'C"
2-4 Aug. 2000	59.7 (3/8) Surey "C"	118.3 (2-3/8) Surey "C"	159.8 Surey "C"

Nota: As figuras entre parêntesis indicam a data de ocorrência e o centro da tempestade

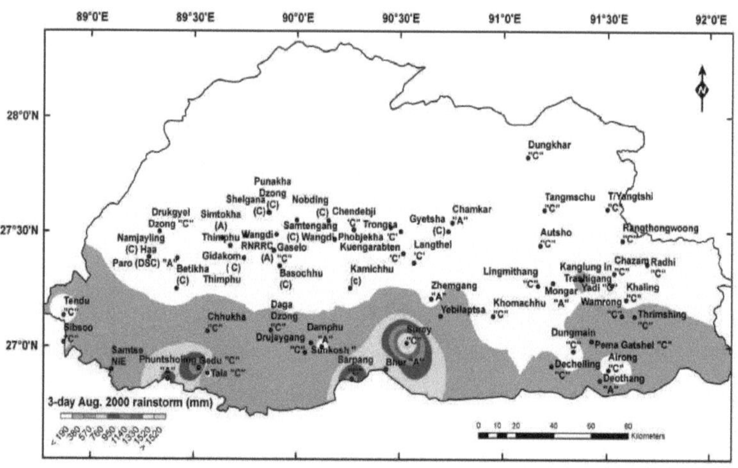

Fig. 20: Distribuição espacial de 3 dias da tempestade de 2-4 de agosto de 2000 sobre o Butão

Os períodos de chuva intensa mais notáveis registados na secção sub-himalaiana de Bengala Ocidental-Sikkim são 11-13 de junho de 1950 e 3-5 de outubro de 1968 (Fig.21) (Abbi *et al.* 1970), e na secção do Butão dos Himalaias, 2-4 de agosto de 2000.

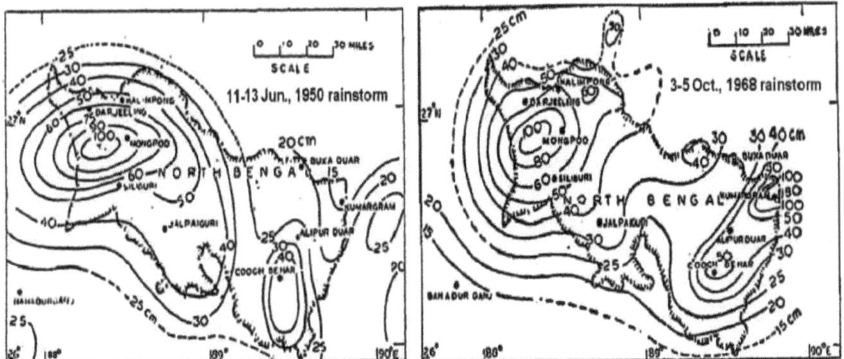

Fig.21: Mapa de isoietas de 3 dias (cm) das chuvas de 1950 e 1968 sobre a região norte dos sub Himalaias de Bengala Ocidental (Ref: Abbi et al, 1970)

Tendo em conta a orografia da região, a análise da profundidade-duração (DD) é a técnica mais adequada para a análise da precipitação na região. As profundidades de chuva SPS obtidas a partir da análise DD e o PMP derivado da maximização dos valores SPS teriam sido os mais apropriados para serem utilizados para quaisquer fins hidrológicos

CAPÍTULO 21

21. Estudos de inundações

Dhar et al (1966), Dhar & Changraney (1966), Dhar & Kamte (1973), Dhar & Bhattacharya (1976), Dhar & Nandargi (1992, 1993 d, 1994, 1998 b, 2000 b, 2001, 2003, 2004), Nandargi & Dhar (2003, 2007, 2008, 2010) estudaram as inundações de alta frequência, as mais elevadas jamais registadas no sistema do rio Brahamaputra/região nordeste da Índia.

Como mostra a Fig.17, Luhit, Dibang, Siang, Subansiri, Manas, Pagladiya-Puthimari, Sankosh-Raidak-Torsa, Jaldhaka e Teesta são os principais afluentes setentrionais do rio Brahmaputra. Fluindo na direção norte-sul, estes rios drenam muita água para o rio Brahmaputra principal, causando graves inundações todos os anos. Os estudos efectuados por Dhar e Nandargi (acima mencionados) mostraram que a frequência das inundações é bastante elevada nos rios do nordeste da Índia. Verificou-se igualmente que o rio Brahmaputra principal, bem como os seus afluentes setentrionais, registam incidências mais ou menos iguais de cheias anuais.

A Tabela 14 apresenta o maior desvio de cheia registado por diferentes locais (G/D) nestes rios durante o período de 1986 a 2010. A tabela mostra que os rios Jiabareilly, Manas e Teesta registaram o maior desvio de cheia, superior a 10,0 m, durante os últimos 25 anos.

No entanto, deve referir-se aqui que o Butão não dispõe de dados de precipitação completos para analisar. As inundações repentinas são fenómenos recorrentes no Butão, causando danos consideráveis durante a estação das monções (junho a setembro). Observou-se que seguem um padrão cíclico de 2 a 4 anos, sendo a região oriental particularmente vulnerável. As regiões do sopé oriental e meridional do Butão, que apresentam terrenos intensamente dissecados, com ravinas, gargantas e vales fluviais profundamente erodidos, íngremes e muito espaçados, são frequentemente afectadas por inundações causadas por chuvas intensas.

As inundações repentinas de 2004 afectaram seis Dzongkhags orientais, dos quais Trashigang, Trashiyangtse e Samdrup Jongkhar foram as zonas mais afectadas, com danos materiais e animais. As inundações da monção de 2004 que ocorreram nos seis Dzongkhags orientais mataram 9 pessoas, arrastaram 29 casas, 26 casas ruíram e 107 casas ficaram parcialmente danificadas. Foi destruída uma área total de 664 hectares de terras agrícolas húmidas e secas. Perderam-se centenas de toneladas de milho, arroz e batatas e foram arrastadas cerca de 2000 laranjeiras, afectando cerca de 1437 agregados familiares. Tendo em conta a pequena dimensão da população e a limitação das terras aráveis, o prejuízo foi enorme.

Quadro 14: Desvios de cheia mais elevados registados em locais G/D no Brahmaputra e seus afluentes (1986-2010)

	River	Gauge/ Discharge Site	Danger Level (m)	Highest Deviation (m)	Date of Occurrence
a)	**Main Brahmaputra river :**				
1	Brahmaputra	Dibrugarh	104.24	2.24	03/09/1998
		Nematighat	85.04	2.33	11/07/1991
		Tezpur	65.23	1.36	27/08/1988
		Guwahati	49.68	2.55	08/08/2000
		Goalpara	36.27	1.16	31/08/1954
		Dhubri	28.62	1.74	28/08/1988
b)	**Northern tributaries of the Brahmaputra river :**				
2	Subansiri	Badatighat	82.53	4.31	28/06/1972
3	Jaibareilly	N.T.Rd. Crossing	77.00	12.22	22/09/2010
4	Puthimari	N.H.Crossing	51.81	4.65	20/06/1993
5	Pagladiya	N.T.Rd.Crossing	52.75	2.72	08/07/2004
6	Manas	N.H.Crossing	47.56	11.03	13/07/1984
7	Beki	N.H.Crossing	45.10	1.10	04/08/2000
		Road Bridge	44.38	1.78	04/08/2000
c)	**Rivers joining the Brahmaputra in Bangla Desh :**				
8	Raidak	Tufanganj	35.30	1.06	21/07/1993
9	Torsa	Ghugumari (Cooch Behar)	40.41	1.05	03/08/2000
10	Jaldhaka	Nagarkata	185.60	7.75	1954
11	Teesta	Anderson Bridge	210.50	18.10	04/10/1968
		Coronation Bridge	149.40	10.65	10/1968

Atualmente, os enormes recursos hídricos do rio Brahmaputra não são totalmente utilizados e praticamente a maior parte das suas águas de inundação está a correr para a Baía de Bengala através do Bangladesh, depois de causar enormes danos através de inundações devastadoras em Assam (Índia) e no Bangladesh. Embora não haja muita margem para aumentar as instalações de irrigação no vale de Assam para além de um certo limite devido à falta de locais de armazenamento adequados, especialmente no rio principal e em alguns dos seus afluentes, existe um enorme potencial para a produção de energia hidroelétrica nesta região, especialmente na "Grande Curva" do rio Dihang, quando este entra na Índia vindo do Tibete, e em alguns dos seus afluentes. Tudo isto tem de ser plenamente aproveitado para um desenvolvimento adequado nos próximos anos. É claro que isto pode ser feito com a plena cooperação entre a Índia, o Butão e o Bangladesh no que diz respeito ao desenvolvimento de projectos de recursos hídricos nesta região.

Agradecimentos

Os autores agradecem ao Diretor do IITM, Pune, pelo seu grande interesse e encorajamento para a realização deste estudo. Os autores expressam os seus sinceros agradecimentos a todas as autoridades do projeto Himalayan, aos departamentos florestais e ao India Met. Dept. (IMD) por fornecerem os dados de precipitação relevantes.

Referências

Abbi, S.D.S., Gupta, D.K. e Jain, B.C. (1970) A study of heavy rainstorms over North Bengal, Ind. J. of Met & Geophs (MAUSAM), 21, 2, 195-210.

Brahmaputra Board (1983) Dihang dam project report, Vol. I-B, Chapter VI, Hydrology, Gauhati.

Chakraborty, S.K. & Singh, G.P. (1999) Flood disaster and mitigation, Proc. Int. Conf. sobre Gestão de Catástrofes, Universidade de Tezpur, Guwahati, 23-26 de abril de 1998, M.C.Bora (Ed).

Chalise, S.R., Shrestha, M.L., Thapa, K.B., Shrestha, B.R. & Bajracharya, B. (1996) Climatic and Hydrological Atlas of Nepal, International Centre for Integrated Mountain Development (ICIMOD), Kathmandu, Nepal, 173 pp.

Chalise, S.R. & Khanal, N.R. (2002) Recent extreme weather events in the Nepal Himalayas, The Extremes of the Extremes: Extraordinary Floods, Proc. the symposium held at Reykjavik, Iceland, July 2000 l Ali S Publ.No. 271, 141-146.

Church, J.E. (1956) Himalaya waters - seeking snow in the Himalayas, Book on Snow Surveys in the Himalayas, R.D. Dhir & H.Singh (Eds), Central Water & Power Commission Publication, N.Delhi, 1-190.

Das, P.K. (1983) The Climate of the Himalayas, In: Singh, T.V. e Kaur, J. (Eds.) Himalyan mountain and man, Studies in the eco-development, Print House, Lucknow.

Dhar, O.N. (1962) A study of rainfall and floods in the Yamuna catchment (upto Delhi), Ind.J. Met. Geoph. (IJMG), 13, 3, 317-336.

Dhar, O.N. & Narayan, J. (1965) A brief study of rainfall and flood producing rainstorms in the Beas catchment (upto Pong), IJMG, 6, 1,

Dhar. O.N. & Changraney, T.G. (1966) A study of meteorological situations associated with major floods in Assam during the monsoon months. IJMG, 7, Spl. Não.

Dhar, O.N., Mantan, D.C. & Jain, B.C. (1966) A brief study of rainfall over the Teesta basin (upto Teesta Bridge), IJMG, 17, Spl. Não.

Dhar, O.N. & Narayan, J. (1966) A study of rainspell associated with the unprecedented floods in the Kosi river in August 1954, IJMG, 17, Spl. Não.

Dhar, O.N. & Kamte, P.P. (1973) Probable maximum precipitation in the Brahmaputra basin in Assam. CBIP's 'Irrigation and Power Journal', 30, 3,

Dhar, O.N., Rakhecha, P.R. & Mandal, B.N. (1975) A hydrometeorological study of Sept.1880 rainstorm which caused the greatest raindepths over northwest Uttar Pradesh, CBIP's 'Irrigation and Power Journal', 32, 1

Dhar, O.N. & Bhattacharya, B.K. (1976) Variation of rainfall with elevation in the Himalayas - a pilot study, Ind. J. of Power & River Valley Devp., 26, 6, 179-186.

Dhar, O.N. & Rakhecha, P.R. (1976) A study of Oct.,1955 rainstorm which caused unprecedented rainfall in the Beas-Sutlej region, Proc. of the Symp. on "Hydrology of flow control with special reference to the Beas and Sutlej Rivers", held at Nangal, Oct. 1976.

Dhar, O. N. & Rakhecha, P.R. (1981) The effect of elevation on monsoon rainfall distribution in the Central Himalayas, Proc. International Symp. on 'Monsoon Dynamics', Cambridge Univ. Press, London, 253-260.

Dhar, O.N., Mandal, B.N. & Kulkarni, A.K. (1982) Effect of Pir Panjal Range of Himalayas over monsoon rainfall distribution in Kashmir Valley, Proc. International Symp. on Hydrological Aspects of Mountainous Watersheds held at Roorkee, India, 1, I-51 to I-57.

Dhar, O.N., Soman, M.K. & Mulye, S.S. (1984) Rainfall over the southern slopes of Himalayas and the adjoining plains during 'breaks' in the monsoon, J. of Climatology, U.K., 4, 6.

Dhar, O.N., Kulkarni, A.K. & Rakhecha, P.R. (1986) Meteorology of heavy rainfall over Garhwal-Kumaon region of Himalayas - a brief appraisal, Proc. of the Workshop on 'Flood estimation in the Himalayan region', held at Roorkee in Sept. 1986.

Dhar, O.N. & Mandal, B.N. (1986) A pocket of heavy rainfall in Nepal Himalayas - a brief appraisal, Book on "Nepal Himalayas : Geo-ecological perspectives", S.C. Joshi, et al (Eds.), Himalayan Research Group, Naini Tal, India, 75-81.

Dhar, O.N. & Mulye, S.S. (1987) A brief appraisal of precipitation climatology of the Ladakh region, Monograph on Western Himalayas: Environment, Problems and Development, Pangtay and Joshi (Eds), 87-98.

Dhar, O.N., Kulkarni, A.K. & Mandal, B.N. (1987) Some facts about precipitation distribution over the Himalayan region of Uttar Pradesh, Monograph on 'Western Himalayas', Pangtey & Joshi (Eds.),

Dhar, O.N. & Nandargi, S.S. (1991) A study of exceptionally heavy rainspell of Sept.,1988 over northwest India. Vayu Mandal, 21, 1-2, 36-44.

Dhar, O.N. & Nandargi, S.S. (1992) A study of rainfall and floods during the five monsoon seasons of 1987-1991 over contiguous Indian region. J. of Meteorology, U.K., 17, 174, 330335

Dhar, O.N. & Nandargi S. (1993 a) The zones of severe rainstorm activity over India, Int. J. Climatol, 13, 301-311.

Dhar, O.N. & Nandargi S. (1993 b) Envelope depth-area-duration raindepths for different homogeneous rainstorm zones of Indian region, Theo. Appl. Climatol, 47, 117-125.

Dhar, O.N. & Nandargi S. (1993 c) Spatial distribution of severe rainstorms over India and their associated areal raindepths, Mausam, 44, 4, 373-380.

Dhar, O.N. & Nandargi S. (1993) Worst flood-prone rivers and sites of India, Vayu Mandal, 23, 3-4, 86-92.

Dhar, O.N. & Nandargi S. (1994) Floods in Indian rivers. Indian J. of Power and River Valley Devep., 44, 7&8, 228-236.

Dhar, O.N. & Nandargi S. (1995 a) Zones of severe rainstorm activity over India - some refinements, Int. J. Climatol, 15, 811-819.

Dhar, O.N. & Nandargi S. (1995 b) On some characteristics of severe rainstorms of India, Theo. Appl. Climatol, 50, 205-212.

Dhar, O.N. & Nandargi S. (1998) Rainfall magnitudes that have not been exceeded in India, Weather, U.K., 53, 5, 145-151.

Dhar, O.N. & Nandargi S. (1998) Floods in Indian rivers and their meteorological aspects, Memoir No.41 of the Geological Society of India on 'Flood Studies in India', Ed. V.S.Kale, Bangalore, 1-25.

Dhar, O.N. & Nandargi, S. (2000) An appraisal of precipitation distribution around the Everest and Kanchenjunga peaks in the Himalayas, Weather, 55, 7, 223-232.

Dhar, O.N. & Nandargi, S. (2000) A study of floods in the Brahmaputra basin in India, Int. J. of Climatology 20, 7, 771-781.

Dhar, O.N. & Nandargi, S. (2001) A comparative flood frequency study of Ganga and Brahmaputra river systems of north India - a brief appraisal, J. of Water Policy, USA, 3, 1, 101-107.

Dhar, O.N. & Nandargi, S. (2002 a) An appraisal of precipitation distribution on the lee side of the

Everest - Kanchenjunga Himalayan range, J. of Meteorology, UK, 27, 266, 44-49.

Dhar, O.N. & Nandargi, S. (2002 b) Precipitation distribution around the Annapurna Range of Nepal Himalayas - a brief appraisal, J. of Meteorology, UK, 27, 274, 377-382.

Dhar, O.N. & Nandargi, S. (2003) Hydrometeorological aspects of floods in India, J. of Natural Hazards, Netherlands, 28, 1, 1-33,

Dhar, O.N. & Nandargi, S. (2004) Floods in north Indian river systems, Livro sobre "Coping with Natural Hazards: Indian Context", Ed. K.S. Valdiya, Orient Longman Publ., pp. 104123, 2004

Dhar, O.N. & Nandargi, S. (2004) Rainfall distribution over Arunachal Pradesh Himalayas, Weather, 59, 6, 155-157.

Dhar, O.N. e Nandargi S. (2005 a) Distribution of Precipitation over the Himalayas, J. of Meteorology, U.K. 30, 297, 83-91.

Dhar, O.N. & Nandargi S. (2005 b) Areas of heavy precipitation in the Nepalese Himalayas, Weather, UK, 60, 12, 354-356.

Dhar, O.N. & Nandargi S. (2008) Precipitation distribution in different meteorological subdivisions of the Indian Himalayas, Int. J. Meteorology, UK, 33, 329, 65-171.

Dhital, M., Khanal, N. & Thapa, K. B. (1993) The role of extreme weather events, mass movements, and land use changesin increasing natural hazards: A report of the preliminary field assessment and workshop on causes of the recent damage incurred in south-central Nepal (19-20 Jul.,1993) ICIMOD, Kathmandu.

Dixit, A. (2003) Floods and vulnerability (Inundações e vulnerabilidade). In: *Natural Hazards* 28 [Mirza, M.N.Q, A.Dixit and Ainun Nishat (eds.)], Kluwer Academic Publishers, Dordrecht, 155-179.

Ghosh, S.K., Gupta, H.N. & Johri, A.P. (1982) A comparative hydrometeorological study of the historical floods in the Yamuna river, Mausam, 33, 2, 197-206.

Goswami, D.C. (1998) Fluvial regime and flood hydrology of the Brahmaputra river, Assam, 'Flood Studies in India', Memoir No.41 of the Geo. Soc. of India, Bangalore, Ed. V.S. Kale.

Hahn, D.G. & Manabe, S. (1975) The role of mountains in the south Asia monsoon circulation, J. Atmos. Sci., 32, 1515-1541.

Hannah, D.M., Kansakar, S.R., Gerrard, A.J. & Rees, G. (2005) Flow regimes of Himalayan rivers of Nepal: Nature and spatial patterns, J. Hydrology, Elsevier Publ., 308, 18-32.

Hershfield, D.M. (1961) Estimating the probable maximum precipitation, J. Hydraul. div., Am. soc. Civ. Eng., 87.

Hershfield, D.M. (1965) Method for estimating probable maximum precipitation, J. Am. Water Works Assoc., 57, 8.

Departamento Meteorológico da Índia (IMD) (1960) Editorial, Ind. J. of Meteorol. Geophys. (IJMG), 11, 103-104.

India Meteorological Department (IMD) (1972) Manual of Hydrometeorolgy, Part I, IMD Publ.

Painel Intergovernamental sobre as Alterações Climáticas (IPCC), Ed. (2001) Climate Change 2001: Synthesis Report. A Contribution of Working Groups I, II and III to the Third Assessment Report of the Intergovernmental Panel on Climate Change: Cambridge e Nova Iorque, NY, EUA, Cambridge University Press

International Centre for Integrated Mountain Development (1CIMOD) (1996) A preliminary field assessment of the debris flow disaster of July 22, 1996 at Larcha, Unpublished Report, ICIMOD, Kathmandu.

Johri, A.P. & Veeraraghavan, K. (1976) IMD Sci. Report No.76/3.

Kansakar, S.R., Hannah, D.M., Gerrard, J. & Rees, G. (2004) Spatial pattern in the precipitation in the regime of Nepal, Int. J. of Climatology, 24, 1645-1659.

Kattelmann, R. (2003) Glacial lake outburst floods in the Nepal Himalaya: a manageable hazard Flood Management in India. In: *Natural Hazards* 28, [Mirza, M.N.Q, A.Dixit and Ainun Nishat (eds.)], Kluwer Academic Publishers, Dordrecht, 145-154.

Khanal, N.R. (1999) Study of landslides and flood affected area in Syangja and Rupandehi districts of Nepal. Relatório não publicado apresentado à Mountain Natural Resources Division, International Centre for Integrated Mountain Development, Katmandu.

Khanal, N.R. (2005) Water induced disasters: Case studies from the Nepal Himalayas. In: *Landschaftsokologieund Umweltforschung 48* (Proc. da Conferência Internacional sobre Hidrologia de Ambientes de Montanha, Berchtesgaden, Alemanha, 27 de setembro-1 de outubro de 2004) [Herrmann, A. (ed.)], Braunschweig, 179-188.

Manandhar, I. N. & Khanal, N. R. (1988) Study on landscape processes with special reference to landslides in Lele watershed, central Nepal. Relatório não publicado apresentado à Divisão de Investigação, Universidade de Tribhuvan, Katmandu.

Mandal, B.N., Deshpande, N.R., Nandargi, S.S., Sangam, R.B., Kulkarni, B.D. & Mulye, S.S. (2003) Design storm study of the Subansiri basin in northeast India, Indian J. Power & River Valley Devp., 53, 7&8, 109-116.

Mandal, B.N., Deshpande, N.R., Nandargi, S.S., Kulkarni, B.D., Sangam, R.B. & Mulye, S.S. (2004) Estimation of design storm raindepths over the Siang basin in northeast India, Indian J. Power & River Valley Devp., 54, 7&8, 168-174.

Mani, A. (1981) The Climate of the Himalayas, In: Lall, J.S. & Moddie, A.D. (Eds.). The Himalayas - Aspects of Change, Oxford Univ. Press.

Miami Conservancy District, Dayton, Ohio (1936) Storm rainfall of eastern USA (Revised), Tech. Relatório, Parte V.

Mohile, A.D. (1999) Flood management in Brahmaputra valley - constraints and prospects, Proc. Int. Conf. sobre Gestão de Catástrofes, Universidade de Tezpur, Guwahati, 23-26 de abril de 1998 Ed. Prof. M.C. Bora, 27-41.

Mool, P.K., S.R. Bajracharya & S.P. Joshi (2001 a) Inventory of Glaciers, Glacial Lakes and Glacial Lake Outburst Floods Monitoring and Early Warning Systems in the Hindu Kush- Himalayan Region, Nepal, ICIMOD, Kathmandu, 363 pp.

Mool, P.K., S.R. Bajracharya & S.P. Joshi (2001 b) Glacial Lakes and Glacial Lake Outburst Flood Events in the Hindu Kush-Himalayan Region, In: Global Change and Himalayan Mountains [Shrestha, K.L. (ed.)], Instt. for Development and Innovation, Lalitpur, Nepal, 75-83.

Murthy, Y.K. (1981) Water Resources Potential of the Himalayas, The Himalayas - Aspects of Change, J.S. Lall e A.D. Moddie (Eds.), India International Centre, New Delhi.

Nandargi, S. & Dhar, O.N. (2003) High frequency floods and their magnitudes in Indian rivers, Geological Soc. of India, 61, 1, 90-96.

Nandargi, S., Dhar, O.N., Sheikh, M.M., Brenna Enright & Mirza, M.M.Q. (2007) Hydrometeorology of floods and droughts in South Asia-a brief appraisal, Capítulo 3 do livro "Climate and Water Resources in South Asia: Vulnerability and Adaptation", 20-43

Nandargi, S. & Dhar, O.N. (2008) Flood frequency in the major river systems of India, Int. J. Meteorology, UK, 33, 325, 13-23.

Nandargi, S. & Dhar, O.N. (2012) Extreme rainstorm events over the northwest Himalayas during

1875-2010, J. of Hydrometeorology, 13, 4, 1383-1388 (Coleção especial).

Nandargi, S., Dhar, O.N., Sheikh, M.M., Brenna Enright & Mirza, M.M.Q. (2010) Hydrometeorology of floods and droughts in South Asia-a brief appraisal, Book on 'Global Environmental changes in South Asia: A Regional Perspective Dr.A.P.Mitra & Dr.C. Sharma (Eds.), 244-257.

National Remote Sensing Agency (NRSA), Hyderabad (2005) Satellite based assessment of snowfed and rainfed catchment areas of Siang basin. Um relatório de projeto apresentado à NHPC, Faridabad.

Nayava, J.L. (1974) Heavy Monsoon Rainfall In Nepal, Weather, 29, 443-450.

Nayava, J.L. (1980) Rainfall in Nepal, The Himalayan Review, Nepal Geographical Soc.,12, 51-60.

Pant, P.S., Abbi, S.D.S., Gupta, D.K. & Chandra, H. (1970) A study of major rainstorms of Assam, Ind. J. Met. Geophysics (Mausam), 21, 2,169-186.

Pant, G.B. e Rupa Kumar, K. (1997) Climate of south Asia, John Wiley and Sons Publ.4, Chishester, U.K.

Pant, G.B., Mandal, B.N., Deshpande, N.R., Kulkarni, B.D., Nandargi, S.S., Sangam, R.B., Mulye, S.S., Prajapati, D.P. & Verma, A.K. (2007) Generalized Probable Maximum Precipitation (PMP) Atlas of the Indus basin in India, A project report approved by Central Water Commission (CWC), New Delhi, 65pp.

Quadir D. A., Hussain, M.A, Ahasan, M.N., Chhophel, K. e Sonam K. (2007) Climate characteristics of temperature and precipitation of Bhutan, Mausam, 58, 1, 9-16.

Rao, Y.P. (1981) The Climate of the Indian sub-continent in Climate of southern and western Asia, Vol.9, World Survey of Climatology, K. Takahasti and H. Arukawa (Eds.), Elsevier, Amsterdam.

Shakya, B., Ranjit, R., Shakya, A. Bajracharya, S. & Khadka. N. (2008) Estimation of 2002 Extreme Flood over Balkhu River Using NOAA Based Satellite Rainfall and HEC-HMS Hydrological Model, and Assessment of Flood Education of People Living Near the Flood Risk Zone of Balkhu River, International Symposium on Geo-Disasters, Infrastructure Management and Protection of World Heritage Sites, 215-223.

Shrestha, A.B. (2001) Lago Glaciar Tsho Rolpa: Está ligado às alterações climáticas? In: Global Change in Himalayan Mountains, Proc. of a scoping workshop, Kathmandu Nepal, 2-5 Out. 2001 [Shrestha, K.L. (ed.)], 85-95.

Shreshtha, M.L. (2000) Interannual variation of summer monsoon rainfall over Nepal and its relation to Southern Oscillation Index, Meteorol. Atmos. Phys., 75, 21-28.

Sikka, D.R. (1999) Influence of Himalayas and Snow cover on the weather and climate of India - a review. The Himalayan Environment, S.K.Dash and J. Bahadur (Eds.), New Age International (P) Ltd., Publ., Delhi.

Wiesner, C. J. (1970) Hydrometeorology, Chapman and Hall, Ltd., Londres.

Organização Meteorológica Mundial (1969) Estimation of maximum floods, Tech. Nota 98, WMO No.233, TP 126.

Organização Meteorológica Mundial (1973) Manual for estimation of Probable Maximum Precipitation, WMO No.332, 95-107.

Organização Meteorológica Mundial (1986) Manual for estimation of Probable Maximum Precipitation (PMP), Operational hydrology Report No.1, Second Edition, WMO No. 332.

yes I want morebooks!

Buy your books fast and straightforward online - at one of world's fastest growing online book stores! Environmentally sound due to Print-on-Demand technologies.

Buy your books online at
www.morebooks.shop

Compre os seus livros mais rápido e diretamente na internet, em uma das livrarias on-line com o maior crescimento no mundo! Produção que protege o meio ambiente através das tecnologias de impressão sob demanda.

Compre os seus livros on-line em
www.morebooks.shop

Printed by Books on Demand GmbH, Norderstedt / Germany